乡村景观规划
与田园综合体设计研究

樊　丽　著

中国水利水电出版社
www.waterpub.com.cn
·北京·

内　容　提　要

本书针对我国乡村景观和田园综合体的具体现状(涉及城乡一体化的发展道路、三农问题以及社会主义新农村建设;乡村景观的特点、新农村景观规划的目标、乡村景观规划的设计原则的主要内容等),深入研究国外乡村景观理论及经典案例,参考其成熟的发展模式,结合我国的成功案例,对我国乡村景观和田园综合体的发展提供一些借鉴。同时也为关注乡村景观规划设计和田园综合体建设的相关人士提供一些参考。

图书在版编目(CIP)数据

乡村景观规划与田园综合体设计研究/樊丽著. —北京:中国水利水电出版社,2018.9（2025.6重印）

ISBN 978-7-5170-7021-4

Ⅰ.①乡…　Ⅱ.①樊…　Ⅲ.①乡村—景观设计—研究—中国　Ⅳ.①TU986.2

中国版本图书馆CIP数据核字(2018)第238529号

书　　名	乡村景观规划与田园综合体设计研究 XIANGCUN JINGGUAN GUIHUA YU TIANYUAN ZONGHETI SHEJI YANJIU
作　　者	樊　丽　著
出版发行	中国水利水电出版社 (北京市海淀区玉渊潭南路1号D座 100038) 网址:www.waterpub.com.cn E-mail:sales@waterpub.com.cn 电话:(010)68367658(营销中心)
经　　售	北京科水图书销售中心(零售) 电话:(010)88383994、63202643、68545874 全国各地新华书店和相关出版物销售网点
排　　版	北京亚吉飞数码科技有限公司
印　　刷	三河市华晨印务有限公司
规　　格	170mm×240mm　16开本　16.75印张　217千字
版　　次	2019年3月第1版　2025年6月第4次印刷
印　　数	0001—2000册
定　　价	79.00元

前 言

当下，随着经济的飞速发展和城市化进程的加快，大量农村和乡镇人口进城务工，造成农村人口流失，居住环境变差，造成村镇“空心化”等问题，乡村景观受到巨大威胁，对整个乡村的自然环境和人文资源造成了严重的影响。另外，也造成了城市环境污染严重、排放物超标、房价上涨等一系列的“城市病”问题，对城市和乡村带来双重危害。因此，协调城乡关系，使城市和乡村和谐共生发展已经成为国家和社会和谐发展的重要问题，随着国家对乡村景观的重视，相继出台了一系列的政策，支持乡村景观的发展。

我国的乡村景观起步较晚，再加上地大物博、人口众多，在发展的过程中虽有得天独厚的优势，也有各种各样的困难。随着乡村景观建设的不断体系化、产业化、专业化，近年来，“田园综合体”作为乡村景观的重要体现形式，越来越受到人们关注。从美丽乡村、特色小镇到田园综合体，我国的乡村景观发展取得了一定的成绩，但也面临各种问题，甚至有不少人对美丽乡村、特色小镇和田园综合体混为一谈。

鉴于此，笔者编写了《乡村景观规划与田园综合体设计研究》一书，针对我国乡村景观和田园综合体的具体现状，深入研究国外乡村景观理论及经典案例，参考其成熟的发展模式，结合我国的成功案例，对我国乡村景观和田园综合体的发展提供一些借鉴。同时也为关注乡村景观规划设计和田园综合体建设的相关人士提供一些参考。

本书共分为四章。第一章为城市化背景下的乡村发展，讲述了城乡一体化的发展道路、“三农”问题以及社会主义新农村建设。第二章为新农村景观规划设计，讲述了乡村景观的特点、新农村景观规划的目标、乡村景观规划的设计原则、内涵和意义以及乡村生态景观规划的主要内容等，并通过对意大利、德国、荷兰等欧盟国家和日本、韩国等亚洲各国经典案例的分析总结值得借鉴的设计方法和建设、管理、运营经验。结合国内外乡村景观规划研究动态和典型案例分析乡村景观的现状、问题、发展对策。第三章为田园综合体相关概述，讲述了田园综合体的概念、发展背景和现状，以及田园综合体的建设意义、作用、内容、功能、建设原则等。第四章为国内田园综合体现状及案例实践，讲述了国内田园综合体的研究现状。田园综合体的发展离不开乡村景观，通过对国内乡村景观的现状与不足分析，得出乡村景观与田园综合体的联系，分析田园综合体的三大需求。最后，结合国内田园综合体典型案例分析，总结我国田园综合体的特征、对田园综合体发展的建议以及田园综合规划设计的要点等。

在撰写过程中，笔者研究了大量的国内外优秀案例，从中筛选最具代表性的经典案例进行探讨。由于我国乡村景观起步较晚，田园综合体更是刚刚兴起，可借鉴的成熟理论不多，可参考的资料甚少，为研究增加了不小的难度。笔者参阅了各种渠道和平台上已发表的信息资源和国内外学者的有关理论、资料以及同行、专家的论述论著，在此一并感谢。本书主要用于学术研究与交流，不会用于商业出版，如涉及版权问题，请与笔者联系。为使书的内容更加翔实，笔者还实地考察了很多经典案例，并拍摄了大量照片，以图文并茂的形式在乡村景观的研究基础上结合具体案例探索适合我国国情的乡村景观规划与田园综合体规划设计方法、建设发展模式。希望对于关注乡村景观规划与田园综合体发展的读者有一点帮助。由于笔者水平所限，书中难免有疏漏和不足之处，还望读者不吝赐教。

作　者

2018 年 6 月

目　　录

前言

第一章　城市化背景下的乡村发展 …………………………… 1

第一节　城乡一体化的发展道路 …………………………… 1

第二节　“三农”问题以及社会主义新农村建设 ………… 8

第二章　新农村景观规划设计 …………………………… 21

第一节　乡村景观概述 …………………………… 21

第二节　乡村景观国外研究现状 …………………………… 35

第三节　国外乡村景观案例分析 …………………………… 60

第四节　国内乡村景观研究现状 …………………………… 89

第五节　国内乡村景观案例分析 …………………………… 97

第三章　田园综合体相关概述 …………………………… 163

第一节　田园综合体的概念、发展背景及现状 ………… 163

第二节　田园综合体的建设意义、作用、内容及功能 … 174

第四章　国内田园综合体现状及案例实践 …………… 197

第一节　国内现状 …………………………… 197

第二节　国内案例分析 …………………………… 202

结语 …………………………… 256

参考文献 …………………………… 257

第一章　城市化背景下的乡村发展

第一节　城乡一体化的发展道路

一、城镇化与城市化

城镇化：总体上是指农村人口转化为城镇人口的过程。“城镇化”一词的出现要晚于“城市化”，这是中国学者创造的一个新词汇，很多学者主张使用“城镇化”一词。1991年，辜胜阻在《非农化与城镇化研究》中使用并拓展了“城镇化”的概念，在后来的研究中，他力推中国的城镇化概念，并获得一批颇有见解、影响较广的研究成果。与城市化的概念一样，对“城镇化”概念的定义也是百家争鸣、百花齐放，至今尚无统一的概念。不过，就使用数量看，对城镇化“概念”的论述要少于“城市化”。据粗略估计，近5年来，关于城镇化的概念，至少在20种以上。具有代表性的并符合中国地区现实的观点是城镇化是由农业人口占很大比重的传统农业社会。

二、城市化进程的加快

城市化是一个地区的人口在城镇和城市相对集中的过程。城市化也意味着城镇用地扩展，城市文化、城市生活方式和价值观在农村地域的扩散过程，也可以说是人类生产和生活方式由乡村型向城市型转化的历史过程，表现为乡村人口向城市人口的转化以及城市不断发展和完善的过程。

城市化的快速发展带来了一系列的问题，城市人口的急剧增加、环境恶化、资源危机，城市发展带来的大气污染、水资源短缺、噪声污染、住房紧张、交通拥堵、不充分就业等多种“城市病”，严重影响着我们的生活。

“城市病”的根源在于城市化进程中人与自然、人与人、精神与物质之间各种关系的发展失衡。长期的失衡，必然导致城市生活质量的倒退以及乡村发展的滞后。

三、城乡一体化概念的提出

城乡一体化的思想早在20世纪就已经产生。我国在改革开放后，特别是在20世纪80年代末期，由于历史上形成的城乡之间隔离发展，各种经济社会矛盾出现，城乡一体化思想逐渐受到重视。近年来，许多学者对城乡一体化的概念和内涵进行了研究，但由于城乡一体化涉及社会经济、生态环境、文化生活、空间景观等多方面，人们对城乡一体化的理解有所不同。

(1)城乡一体化是中国现代化和城市化发展的一个新阶段，城乡一体化就是要把工业与农业、城市与乡村、城镇居民与农村村民作为一个整体，统筹谋划、综合研究，通过体制改革和政策调整，促进城乡在规划建设、产业发展、市场信息、政策措施、生态环境保护、社会事业发展的一体化，改变长期形成的城乡二元经济结构，实现城乡在政策上的平等、产业发展上的互补、国民待遇上的一致，让农民享受到与城镇居民同样的文明和实惠，使整个城乡经济社会全面、协调、可持续发展。

(2)城乡一体化是随着生产力的发展而促进城乡居民生产方式、生活方式和居住方式变化的过程，使城乡人口、技术、资本、资源等要素相互融合，互为资源，互为市场，互相服务，逐步达到城乡之间在经济、社会、文化、生态、空间、政策(制度)上协调发展的过程。

(3)城乡一体化，是一项重大而深刻的社会变革。不仅是思想观念的更新，也是政策措施的变化；不仅是发展思路和增长方式的转变，也是产业布局和利益关系的调整；不仅是体制和机制的创新，也是领导方式和工作方法的改进。对于城乡一体化的根本应该废除原有的城乡二元体制制度。改革户籍制度，废除现行的人口流动管制。

四、城乡一体化建设

城乡发展一体化，关键是城乡建设和管理一体化，而我国的村镇建设仍然面临着各种各样的问题。

（一）镇村建设有待优化

1. 镇村规划较为薄弱

原有新市镇总体规划并未及时修编，时效性较差；规划类型较多，批复时限不一，缺乏整合统筹。城镇功能定位有待提升。各区规划推进了新市镇和非建制镇建设，调研发现，有些乡镇虽然建设了大量农民集中居住区，但商业配套、公共配套严重不足，缺乏统一规划等问题，很难满足居民的生活需求。

2. 商业配套有待加强

一些乡镇的商业设施主要为老市镇的零星商业，多以个体经营户为主，在业态布局、商业品质、合规经营等方面都比较落后。管理单元有待夯实。各镇普遍认为镇村社会治理基础较为薄弱，警务力量、城市管理、市场监管等力量不足，公共服务供给和社会治理创新面临挑战。

（二）产业升级缺乏后劲

1. 农业结构调整有待突破

缺少相关的农业布局规划和扶持政策引导，农业种植比较分散；农业结构产业链、价值链延伸缺乏相应的政策渠道；吸引本地年轻人务农种地的机制没有形成。

2. 农业附加值有待提高

农民的种植技术比较落后，附加值较低，农民收入低，进一步推进城乡一体化发展将面临较大的资金压力。

3. 村集体经济增长后劲有待增强

村集体经济主要收入来源单一，可利用的土地资源越来越少，加之现行的动迁政策是货币补偿，很难再取得土地指标用于发展集体经济。

4. 农村地区发展支持力度仍需加强

市级财政支农政策较为分散，补贴资金较为分散，影响使用效率，支持农村地区发展没有形成系统性的扶持政策，支持力度仍需加强。

（三）环境整治有待深化

1. 农村水管网建设与管理养护不足

农村地区供水管网普遍存在管网陈旧、老化、管径偏小、管材较差等情况。农村生活污水处理系统尚未建立，生产、生活、畜牧业污水直排河道现象较严重。

2. 河道整治工程实施面临较大财政压力

由于水系复杂，受过境区域性交通干线割断等，河道整治面临多重瓶颈，因镇级财政压力过大，部分水利建设项目进度严重迟缓甚至被消项。

3. 垃圾处理能力不足

农村生活垃圾的产生和堆积逐年增加，组成也日益复杂，一些农村缺少固定的垃圾桶放置点，个别村只设有敞开式垃圾堆放点，并且未能及时清洗，显得脏乱。

（四）基础设施建设薄弱

1. 道路养护压力大

农村道路交通流量呈现急速增长，但农村公路养护力量较为薄弱，养护意识不强，损坏的道路、桥梁常常得不到及时维修，农村公路道路养护和管理日益紧张繁忙。

2. 公用事业供需尚不匹配

农村电压偏低、用电量超负荷经常跳闸等问题。一些村庄公共交通发展滞后、公交线路缺乏，给留守老人生活带来极大不便。随着青年一代迁出，目前乡镇以老年人和外来打工者为主，居民消费能力不足，使得部分商业设施逐渐萎缩。

（五）公共服务缺口较大

1. 公共服务供需失衡依然明显

卫生服务难以按要求提高数量质量；随迁子女入学问题日益突出；文体配套设施尚难满足群众需求。

2. 公共服务质量有待提升

受人才等因素制约，郊区学校、社区卫生中心等基本公共服务质量和水平等与城市存在较大差距。

城乡一体化是社会发展到一定阶段后的必然趋势，我国在积极推进城乡一体化进程，即“工业反哺农业，城市支持农村”，使农村发展起来、农民富裕起来，从而城乡融为一体，协调发展。

五、城乡一体化规划

广义上看，我国80％的人口居住在农村聚落，20％的人口居住在城市（城镇）聚落。而城市（城镇）与乡村的交融地带便客观上产生了一种特定含义上的“城乡结合部”，这是一个不容忽视的客观存在，实现国家的城市化（或城镇化）的快速增长必须重视城乡结合地带的有序控制和科学规划，变无序的混乱、自发状态为有序的合理组织状态。笔者在近十余年规划实践中，参加了区域、市域、县域、镇域、乡域等规划以及各类课题的研究，深感城乡结合部是最具有活力，但矛盾又比较突出，亟须作为一项专题性、独立性的规划类型给予确定。

城乡一体化规划的内涵与外延，内涵与外延是刻画概念的两个方面。内涵是本质，外延是范围。城乡一体化是针对城乡结合部，即城乡交融或城乡连接的地带。这是一个带有较为模糊性的地域范围，它是冲破行政界限而因城与乡内在的联系形成的模糊地域（地带）。因而它的外延也必然是不确定的，确定的是内部关联度较强的分野。因此，城乡结合部，既不同于城市总体规划的郊区规划范畴，因为郊区规划是被动式的辅助性规划；也不同于乡村规划，因为乡村规划面对的对象是乡村内部地域。按照区域规划的某些理论，也很难明确地解决城乡结合部的具体问题。如人口布局，劳动力布局，流动人口管理，产业布局，交通设施，仓储设施等方面。

特别是社会主义市场经济体制下的今天，因各种流动的不断加强，承担这些流动的载体建设客观上要求科学预测与规划。我们将城乡一体化规划的概念拟定为：对城乡结合部具有一定内在关联的城乡交融地域上各种物质与精神要素进行系统安排称为城乡一体化规划。一般而言，传统及现实规划中城镇体系规划是针对市县域内各种聚落群体的空间组织部署。但实际应用上仅侧重在对市县域集政治、经济、文化等中心为一体的市区（或县城）的性质、规模及发展方向的宏观论证与规划。而对近郊卫星镇并未能起到实质性的作用。再如总体规划中的郊区规划，只是以服务于市区（或县域）为主要任务的，而没有以“融合”、“一体”的角度刻画城乡结合部的深刻内涵与外延。对于绝大多数的城乡结合部，都存在着诸如：人口流动与管理，产业布局确定，发展方向定位性的预测，基础设施的需求量等诸多的问题，而且与传统行政意义上的区域规划，其更具有活跃、动态、变动等因素。

在规划的宏观安排上及战略的选择上具有极大的变化特点。为此，如不进行总体上的科学合理部署，一方面可能产生滞后的结果，另一方面可能产生阻碍城区的进一步发展或影响市区（县城）的发展。同时，对农村地域的推动也将不利。可以预见，城乡结合部的区域类型在国家市场经济体制下的今天，必以其强大的活力而为区域经济和社会的发展发挥重大的作用。我们应该及时地并有效地给予足够的重视，并及早地提到议事日程上来。城乡结合部地区的各种物质和精神因素与广义上的区域规划总体上一致，但由于该区域的要素流动性较强，是一个各项要素均活跃的区域，因此，它应该在理论指导和方法论指导方面有自身的需求。这可以进一步地探索与研究。再次，基于上述两方面的认识，可以设想，城乡一体化规划应该说是一种区域规划的变种。因此，它便应属于区域规划的一个组成部分。

六、镇村一体化规划

现代农业核心是科学化，特征是商品化，方向是集约化，目标是产业化。突破传统农业远离城市或城乡界限明显的局限性，实现村镇一体化发展，城市中有农业、农村中有工业的协调布局，科学合理地进行资源的优势互补，有利于城乡生产要素的合理流动和组合。

城乡统筹，村镇体系总体规划应确定农业产业发展规划，把农业产业的空间布局、发展方向、项目重点等在全域范围进行空间协调，实现基础设施协调，市政设施协调统筹规划。

村镇一体化总体规划应与都市农业、观光农业以及休闲农业相结合，共同打造美好村镇。观光农业、休闲旅游农业、现代农业应该结合县、镇域产业发展现状以及自然资源、文化资源现状统一规划。在城乡统筹规划的前提下，融合农业产业发展和生态空间协调规划，走村镇一体化规划的路线。

第二节 “三农”问题以及社会主义新农村建设

一、“三农”问题

“三农”问题是指农村、农业、农民三大问题。主要指在广大乡村区域，以种植业或者养殖业为主，改善农民的生存状态、产业发展以及社会进步问题。21世纪的中国，在历史形成的二元社会中，城市不断现代化，二、三产业不断发展，城市居民不断殷实，而农村的进步、农业的发展、农民的小康相对滞后的问题。可以说“三农”问题实际上是一个从事行业、居住地域和主体身份三位一体的问题。

“三农”问题是农业文明向工业文明过渡的必然产物。它不是中国所特有，无论是发达国家还是发展中国家都有过类似的经历，只不过发达国家较好地解决了“三农”问题。

“三农”问题在我国作为一个概念提出来是在20世纪90年代中期，此后逐渐被媒体和官方引用。实际上“三农”问题自建国以来就一直存在，只不过当前我国的“三农”问题显得尤为突出，主要表现在：一是中国农民数量多，解决起来规模大；二是中国的工业化进程单方面独进，“三农”问题积攒的时间长，解决起来难度大；三是中国城市政策设计带来的负面影响和比较效益短时间内凸显，解决起来更加复杂。

2000年3月，中国民间“三农”问题研究者、湖北省监利县棋盘乡前党委书记李昌平上书朱镕基总理，反映当地“三农”面临的问题，引起中央对“三农”问题的关注。21世纪以来，新一届领导集体更加关注“三农”问题，首先在提法上对其有了全新的表述，称其为“全党工作的重中之重”，而此之前的提法是“把农业放在国民经济发展的首位”、“加强农业基础地位”。其次是对“三农”

问题有了更深的认识，在2008年党的十七届三中全会通过的《中共中央关于推进农村改革发展若干重大问题的决定》中，对“三农”问题用“三个最需要”进行了总结：农业基础仍然薄弱，最需要加强；农村发展仍然滞后，最需要扶持；农民增收仍然困难，最需要加快，提出了农村改革发展的指导思想、基本目标任务和遵循原则，并指出“三农”问题是中国改革的焦点问题。

1978年党的十一届三中全会以来，我国农村取得很大的发展，但在其发展的背后，还存在着许多问题，如果不对其及早加以重视和解决，有可能使城乡差距越来越大，甚至引起社会的和谐发展。

（一）农村土地问题

一是土地承包问题。土地承包如何合理，承包到户的土地究竟如何处置使用，土地承包如何与人口等因素的变动相适应，等等，许多问题仍然没有解决。

从农村土地承包政策来看，三十多年来，中国农村土地承包政策虽几经变迁，但政策目标始终在于维持集体所有、均地承包和家庭经营，政策的重点在于延长土地承包期，稳定土地承包格局和人地关系。1984年，《中共中央关于农村工作的通知》提出：“土地承包期一般应在15年以上，生产周期长的和开发性的项目如果树、林木、荒山、荒地等，承包期应当更长一些”。1993年，中共中央、国务院《关于当前农业和农村经济经济发展的若干政策措施》提出：“为了稳定土地承包关系，鼓励农民增加投入，提高土地的生产率，在原定的耕地承包期到期之后，再延长30年不变”。1997年，中共中央办公厅、国务院办公厅《关于进一步稳定和完善农村土地承包关系的通知》明确指出：“家庭承包制是一项长期不变的政策，在第一轮土地承包到期后，土地承包期再延长30年”。2008年，党的十七届三中全会通过的《中共中央关于推进农村改革发展若干重大问题的决定》指出：“现有土地承包关系要保持稳定并长久不变”。

从未获得集体土地经营权的农村人口看，现行土地承包政策的指导思想是保证土地承包制度的长期稳定不变和稳定人地关系，2003年施行的《农村土地承包法》为了稳定人地关系，在条文中贯彻了“增人不增地，减人不减地”的思想，当前在1983年以后出生的农村人口中已有部分人成家生子，由于他们自身未获得集体土地经营权，其子女也就没有集体土地经营权。在当今农村社会保障还不健全的前提下，土地既是农民的重要生产生活资料，同时也是农民最后的保障，在土地集体所有的前提下，土地承包政策的长期不变和稳定人地关系的思想，造成了对新增人口应有权益的剥夺，不利于农村和谐稳定与改革发展。

土地具有生产功能、保障功能、资产功能、生态功能和公益功能五大功能。其中保障功能在中国是独特的，土地对农民起到一定的保障作用。在我国由于对土地功能及其与农民的利益关系缺乏正确认识，因而往往是对土地的生产功能给予补偿，而对土地的保障功能、资产功能补偿过低。

从国际形势来看，受美元贬值，原油价格上涨，大量粮食用于燃料乙醇生产、需求大幅增加、部分主产国粮食因灾减产、一些国家粮食供求紧张等因素影响，当前国际市场上的主要粮食品种都有较大幅度的上涨。尤其是我国加入WTO后，国际粮油巨头凭借其资本、技术及经营管理等优势，对我国农业和粮食产业不断渗透，政府对市场调控的难度不断加大，风险不断增加。

（二）农业政策问题

新中国成立以来，我国“三农”政策的演变大体可划分为三个时期。

1.1953年至1978年：计划经济体制下的农业养育工业政策

在工业化浪潮席卷全球的国际经济背景下，新中国成立之初即确立了国家工业化战略，即优先发展重工业的赶超型的社会主义工业化战略，以及采取与之相配套的“高积累、低消费”政策。

我国工业化起步之际的经济发展水平与发达国家存在着较大差距。在当时的国际环境下，工业化的积累只能主要依靠国内而难以获得大量国外资本；而农业又是国民经济的主要产业，选择农业养育工业的政策成为历史的必然。

“多取”：

在计划经济体制下，向“三农”“多取”，主要是通过两条路径得以实现的：一是在“高积累、低消费”政策主导下，通过低价收购农产品，获取工农产品价格“剪刀差”，为工业提供积累；二是通过财税政策，直接为工业化提供积累。1958 年全国人大常委会正式通过《农业税征收条例》，继续延续了 2000 多年来实行的征收农业税的做法。

“少予”：

在财政对农业的支出上，量较小，且资金来源渠道和投向都比较单一。以推进工业化为政策目标，在计划经济体制下逐步形成了城乡二元财税体制：城市基础设施和社会事业主要由财政负担，而农村基础设施和社会事业主要由农民负担，包括在乡村公路等公共产品上也采取以农民自力更生为主、国家支援为辅的政策，从农业上取得的财政收入大于财政对农业的投入。

农业养育工业政策的实施，农业剩余大量向工业转移，快速推进了工业化的发展，到 1978 年，我国已建设形成了完备的现代工业体系。

2. 1978 年至 2001 年：市场化改革进程中的农业养育工业政策

一方面，在改革中对“三农”实行“放活”政策，逐步解构城乡二元结构；另一方面，逐步增加对“三农”“予”的数量。

“多取”：渠道增加

一是直接向农民收取“三农”的各种税费，二是低价向农民征地，三是农民工与城市职工同工不同酬的工资差，四是农村资金通过金融存贷大部分流向城市。

改革开放以来至世纪之交，由于农村改革中实行“放活”政策，解放和发展了生产力，加上逐步加大“予”的力度，从而促进了农业和农村经济的发展。到20世纪90年代末，农业和农村经济进入新的发展阶段，其显著标志是农产品供应从总量不足发展为供需基本平衡，并出现结构性和区域性过剩。尽管如此，由于农业养育工业的政策没有根本改变，城乡二元财税体制依然没有改变，还形成了向“三农”“取”的新渠道，在经过20多年改革与发展之后，城乡差距不但没有缩小，反而不断扩大。

尽管十一届三中全会没有从根本上改变农业养育工业的政策框架，但在国民收入分配上进行的大调整，增加了对“三农”“予”的数量，扭转了长时期对“三农”“少予”政策取向不断固化发展的态势，或者说是对“三农”“予”的政策的拐点。从这种意义分析，十一届三中全会对国民收入分配政策的调整，其实质是对“三农”“取”“予”政策取向的大调整。

“予”：呈增加态势

1994年实行的分税制改革为中央财政支农资金的增加奠定了基础。从2000年起构建财政支出改革、税费改革和公共财政框架：在财政支出改革方面，重点是规范预算的编制和支出的管理；在税费方面，主要是启动农村税费改革试点；在公共财政方面，提出了建立公共财政制度框架，并在财政收支上逐步向公共财政的方向调整。

随着经济的发展，政府先后开辟了支持农业的新的财政来源，财政支持农业的来源渠道、总量、范围和方式发生了如下积极的变化：

一是开辟支持农业的新的财政来源渠道，二是财政用于农业农村的支出逐步增加，三是初步改善财政支农结构，四是财政支农方式不合理的格局依旧。

3. 21世纪初：农业养育工业政策向工业反哺农业政策转变

新世纪之初，我国人均GDP超过1000美元，开始步入工业化中期阶段。同时，改革以来，特别是1994年以来，国家财政实力不断壮大，初步具备了工业反哺农业的能力。在进入新的经济发展阶段之际，我国农业养育工业的政策开始向工业反哺农业的政策转变。

工业反哺农业政策的启动，其显著标志是中央明确提出“多予少取放活”的方针，从2004年开始至今，中央连续8个一号文件都是关注“三农”问题，逐步启动“多予少取”政策。

“多予”：

公共财政的阳光开始照耀农村。一是着力建立“三农”投入的稳定增长机制，二是财政支持“三农”资金总量快速增加，三是开始实施公共财政覆盖农村政策，四是改变财政支持方式。

“少取”：

一是取消面向“三农”的各种收费，包括取消、免收或降低标准的全国性及中央部门涉农收费项目150多项，取消农村“三提五统”、农村教育集资等收费项目。二是减免涉及“三农”的税收。除免征农业税外，还对农机、化肥、农药实行免税政策，制定实施了与农产品有关的进口税收优惠政策，并较大幅度地提高了农民从事个体经营活动时按期(次)缴纳增值税、营业税的起征点。三是全面取消农业税。2005年十届全国人大常委会第十九次会议审议通过废止《农业税条例》，从2006年1月1日起，征收了2600多年的农业税从此退出历史舞台。这是具有划时代意义的重大变革，标志着国家与农民之间的传统分配关系格局发生了根本性变化。四是实施农业补贴政策。“多予少取”政策取向的确立，只是改变了农业养育工业的政策取向，而工业反哺农业的政策体系尚未完全建立起来。从“多予”政策看，城乡二元财政体制开始向一元体制转变，但城乡二元财政体制尚未根除，农业财政支出虽实现快速增加，但财政对农业的支持在财政的支出总量中所占的比例仍然是很低的。从“少取”政策看，农业税被取消了，但通过低价征地、农民工低工资和农村资金向城市流动等新的渠道向“三农”“取”的问题又日益凸显，这也是新农村建设中必须要解决好的重大课题。

(三)农民问题

1. 农村人口外流向城市

从农村人口变化来看,三十年来,中国农村人口无论是在家庭数量还是在人口总量上都已发生了巨大变化。农村家庭联产承包责任制正式确立于1982年,无疑1982年就成为农村人口是否获得集体土地经营权的一个分水岭。从已获得集体土地经营权的农村人口看,当前已有相当数量的人群通过各种途径离开原先的农村而到城镇就业或居住。一是1964—1982年出生的农村人口通过高考离开农村;二是部分农村青年通过参军、招工等方式离开农村;三是部分农民常年在外务工且已有稳定工作而离开农村;四是部分农民家庭常年在外经商离开农村;五是少数富裕农户通过在城镇购房举家离开农村。

2. 农民受教育程度较低,文化知识水平不适应

由于农民普遍文化程度不高,接受和应用农业新技术、新成果的能力较低。一部分农民接受新技术的主动性不强,农村科技力量薄弱,农技推广难度较大。

3. 农村基础建设较差

相对于城市来说,农村各种基础设施建设较差,农民建房大多自主修建,缺乏统一的规划,乡村建设无景观可言。盲目跟风城市,乡土文化流失严重。

经过三十多年的改革发展,当前农民的"物质温饱"问题已基本解决,但农民的"精神温饱"却未解决。由于农业生产的季节性,加上现代农业科技的快速发展与普及应用,使得农民从繁重的农活中解脱出来,劳动量大幅减少,农民的农闲时间一年可达八九个月之多。由于农村文化生活单调落后,民俗文化日渐衰落,过去群众喜闻乐见的民族特色很浓的文娱活动已逐渐消失,以前较受欢迎的农村电影、农村文艺队演出等越来越少,大部分

青壮年农民选择外出务工。

4. 农民的小农意识蔓延

家庭联产承包责任制在促进农村经济发展的同时也降低了农业的组织化程度，强化了一家一户的个体思想，弱化了义务观念和国家、集体意识。在市场经济的不断发展各种利益的驱使下，许多农民只顾小家，集体意识淡薄。

5. 农民收入偏低

随着城乡差距的扩大，1978 年，城镇居民人均可支配收入 343 元，农民人均收入 134 元，相对差距为 2.56∶1，绝对额差距为 209 元；2011 年，城镇居民人均可支配收入 21810 元，增速为 8.4％，农民人均纯收入 6977 元，增速为 11.4％，二者的相对差距为 3.13∶1，绝对额差距为 14933 元。与改革之初相比，城乡差距呈现出不断扩大的趋势。

（四）"三农"问题的特质与形成原因

1."三农"的弱质性

首先是作为第一产业的农业，无论它是处于传统农业阶段还是现代农业阶段，与第二、三产业相比，它不仅要面临巨大的市场风险，还要面临很难预料的自然风险。其次是受土地收益递减规律的影响，农民的收入总是受到一个上限的制约，追加在农业上的投入与产出不一定成正比，即使农民增加再多的投入也无法突破这一上限，而第二、三产业却没有这样的上限，其投入与产出成正比。虽然现代科技使农业获得惊人的发展，但依靠科技进一步提升农产品产量与质量的空间越来越小。最后是由于我国现已基本实现了小康，一些大中城市甚至越过小康，进入相对富裕阶段，加上大多数农产品属于最基本的生活必需品，需求弹性小，随着消费者收入水平的提高和恩格尔系数的降低，居民对农产品的直接消费量不可能有很大的增加，有的甚至会减少。因此农业的弱势地位决定了从事农业生产的农民收入低下。

2.“三农”问题形成的制度因素

“三农”问题历来是中国社会经济生活中的一大基本问题，由这一问题折射出来的制度成因也是多方面的。既有反映国民待遇的法权落实问题，又有产权明晰问题；既有行政权障碍问题，又有知情权、发展权障碍问题；更有城乡分割的二元体制因素。但要探析与“三农”问题形成相关的终极制度原因，根植于中国历史文化中的社会等级制度当为其要。事实上，二元社会体制本质上反映的是按社会等级高低决定发展的先后顺序、接受各种公共服务的多寡以及就业的选择机会等。就农民而言，除了土地可算做有保障的生活来源外，其他社会公共服务和福利保障少而又少；相反，中国农村多数县乡财政的窘况和供养人员过多，不仅危及对农民的公共服务，更加重了农民的负担。因此可以说，“三农”问题的根本制度原因是社会等级制度及其思想观念影响下的社会运行机制与运行方式。二元体制的影响并未完全消除，农村医疗、养老、社会保障制度仍极不完善，政策缺位。

3.“三农”问题形成的政策因素

从工业化发展战略的历史选择上分析，“三农”问题存在的根本原因在于国家工业化发展战略重点、排序和资源配置导向侧重于重工业和城市，从而导致国民收入再分配向不利于“三农”的方向发展。在计划经济体制下的主要表现是，政府一方面通过征收农业税直接参与农民收入的分配，另一方面又以指令性计划形式规定较低的农业产品收购。

(五)“三农”问题解决对策

1. 转变发展观念

在指导方针上，要改变城乡发展中长期存在的“重城市轻农村、重工业轻农业、重市民轻农民”的传统观念，确立以工促农、以城带乡、相互促进、协调发展的全局意识，做到城乡发展一盘棋，从思想上切实把“三农”工作摆在重中之重的位置。在发展模式上，要扭转局限在“三农”内部解决“三农”问题的思维惯性，确立用工业化富裕农民、用产业化发展农业、用城镇化繁荣农村等综合措施解决“三农”问题的系统观念，以工业化的视角和系统工程的方法谋划农业的发展。在发展战略上，要统筹工业化、城镇化、农业现代化建设，加快建立健全以工促农、以城带乡长效机制，全面落实强农惠农政策，加大对“三农”的支持力度，重点做到“三个倾斜”：一是向农村基础设施倾斜，着力改善农村的生产生活条件，提高农业和农村的发展能力；二是向农村社会事业倾斜，着力提高农村文化、教育、卫生保障水平；三是向农村基层公共服务倾斜，理顺基层的事权与财权关系，完善基层政府和基层组织的职能，着力提高农村基层组织的行政管理和服务水平。

2. 加快改型进程

工业化、城镇化是改变城乡二元经济结构、统筹城乡协调发展的根本途径，也是衡量农业现代化水平的重要标志。当前全国总体上已进入以工促农、以城带乡的发展阶段，进入加快改造传统农业、走中国特色农业现代化道路的关键时刻，进入着力破除城乡二元结构、形成城乡经济社会发展一体化新格局的重要时期。

(1)科学规划，合理布局。坚持“规模适度、增强特色、强化功能”的原则，统筹安排城镇各类资源，综合部署各项建设，协调落实好工业、商业、交通、文化、教育、住宅、环保和公用基础设施等方面的建设项目，完善城镇功能，提高可持续发展能力。

(2)发挥比较优势，搞好城镇的特色定位。坚持因地制宜，科学界定城镇功能，注重发展特色主导产业，逐步形成一批市场型、旅游型、加工型、生态型等特色鲜明的有较强辐射带动能力的小城镇。

(3)以项目为载体,加强基础设施建设。围绕“路、水、电、医、学”五个重点,加大投入力度,不断完善基础设施,为城镇居民生产生活创造良好的条件。

(4)坚持建管并重方针,积极探索小城镇建设与管理有效结合的新机制。通过依法管理、综合治理,逐步建立起法治化、社会化和民主化为一体的新型城镇管理体制。

二、社会主义新农村建设

在我国,加快新农村建设具有重要的现实意义。它不仅体现了经济建设、文化建设、社会建设的广泛内容,而且涵盖了以往国家在处理城乡关系、解决“三农”问题等方面的政策内容,甚至还赋予其新时期的建设内涵。

新农村建设的具体内容包括:农田、水利等农业基础设施建设;道路、电力、通信、供水、排水等工程设施建设;教育、卫生、文化等社会事业建设;村容村貌、环境治理以及以村民自治为主要内容的制度创新等。

社会主义新农村建设有利于提高农业综合生产能力,增加农民收入;有利于发展农村社会事业,缩小城乡差距;有利于改善农民生活环境。是建设现代农业的重要保障;是繁荣农村经济的根本途径;是构建和谐社会的主要内容和全面建设小康社会的重大举措。

建设社会主义新农村,是实现中国农业现代化,进而实现中国社会主义现代化的历史必然。实现现代化,实际上就是要实现农村生产力发展的社会化、市场化;实现农业的新型工业化、产业化、企业化;实现农村的城镇化,使农民成为与城市居民具有平等身份的社会成员;这些都包括在社会主义新农村建设的内涵之中。

(一)新农村建设是经济、社会发展的需要

随着我国经济社会的迅速发展,农业、农村、农民问题逐渐成

为政府和全社会共同关注的难题。新农村建设不仅关系到全面建设小康社会战略目标的实现，也关系到我国整个现代化进程。中央提出建设社会主义新农村的重大历史任务是要进一步提升“三农”工作在经济社会发展中的地位，加大各级政府和全社会解决“三农”问题的力度。新农村建设作为“三农”工作的重要组成部分，是经济社会发展的需要。

（二）新农村建设是全面建设小康社会的根本途径

建设新农村是全面建设小康与和谐社会的战略举措和根本途径。有利于解决农村长期积累的突出矛盾和问题，突破发展的瓶颈制约和体制障碍，加快现代农业建设，促进农业增效、农民增收、农村稳定，推动农村经济社会全面进步；有利于启动农村市场，扩大内需，保持国民经济持续快速健康发展；有利于贯彻以人为本的科学发展观，改善农村生产生活条件，提高占人口绝大多数农民的生活质量，创造人与自然和谐发展的环境；有利于统筹城乡经济社会发展，落实工业反哺农业，城市支持农村和“多予、少取、放活”的方针，实现社会公平、共同富裕，从根本上改变城乡二元结构，促进城乡协调发展；有利于全面推进农村物质文明、精神文明和政治文明建设，保持经济社会平衡发展，促进农村全面繁荣。

（三）新农村建设是从根本上解决“三农”问题的战略决策

当前，“三农”工作还存在着一些突出的矛盾和问题，主要是：农民实际收入水平低，持续增收难度较大；农村社会保障水平较低，社会保障体系建设还处于初级阶段，难以满足农民日益增长的公共服务需求；公共财政面向农村投入不足，农业基础设施和农村公益设施建设滞后；农村资源环境持续恶化，村镇建设缺乏整体规划，脏乱差现象较为严重；农民自我意识较强，缺乏统一管理；等等。要从根本上解决这些问题，必须大力推进新农村建设，凝聚全社会力量，统筹城乡资源，缩小城乡、工农、区域间差别，促进农村经济、政治、文化和社会事业全面发展。

总之，我国的城乡建设存在较大差异，发展社会主义新农村是当前的一大任务。然而，当前的农村建设与发展仍存在很多问题，比如，缺乏城乡之间结合的纽带，缺乏互动和联系，找不到带动乡村发展的支点。乡村规划设计缺乏统一规划，盲目自建，无景观可言等问题。这样造成了城乡发展差异越来越大，乡村空心化越来越严重等问题，合理统筹城乡关系已经迫在眉睫，对于维护社会稳定、改善各种“城市病”以及推动共同富裕等都有着重要的意义。

第二章　新农村景观规划设计

第一节　乡村景观概述

一、乡村景观的特点

乡村景观是指乡村地域范围内不同土地单元镶嵌而成的嵌块体，包括农田、果园、人工林地、农场、牧场、水域、村庄等生态系统，以农业特征和生产活动为主，是人类在自然景观的基础上建立起来的自然生态结构与人为特征的综合体。

乡村景观既受自然环境的制约，又受人类经营策略和生产活动的影响，嵌块体的大小、形状以及配置上具有较大的异质性，兼具经济价值、社会价值、生态价值和美学价值。

乡村景观与城市景观、自然景观均不同，它有其自身的特点，较显著的一个特点是农田与居民住宅混杂分布，居民点、自然风光与农田交融在一起，既具备农田、果园形成的自然风光，又具备不同的民居及风土人情形成的各种风俗民情，有丰富的人文景观。

二、农村景观与农村景观规划设计的内涵与意义

从地理学的角度看，乡村景观是指具有特定景观行为、形态和内涵的景观类型，是聚落形态由分散的农舍到能够提供生产和生活服务功能的集镇所代表的地区，是土地利用粗放、人口密度较小、具有明显田园特征的地区。乡村景观生态系统是由村落、林草、农田、水体、畜牧等组成的自然—经济—社会复合生态系统。乡村景观既不同于城市景观，又不同于自然景观。其特点之

一是大小不一的居民住宅和农田混杂分布,既有居民点、商业中心,又有农田、果园和自然风光。乡村景观的美不仅是形式上的美,更是建立在环境的秩序与生态系统的良性运转轨迹之上,体现生态系统精美结构和功能的生命力之美,符合可持续发展观的乡村景观,应该是融合自然美、社会美和艺术美的有机整体。

乡村景观规划设计指如何合理地安排乡村土地及土地上的物质和空间,来为人们创造高效、安全、健康、舒适、优美环境的科学和艺术,为社会创造一个可持续发展的整体乡村生态系统。乡村景观规划设计的内涵包括以下几点:①它涉及景观生态学、地理学、经济学、建筑学、美学、社会政策法律等多方面的知识,具有高度综合性。②它不仅关注景观的中的核心问题——“土地利用”、景观的“土地生产力”以及人类的短期需求,更强调景观作为整体生态单元的生态价值、景观供人类观赏的美学价值及其带给人类的长期效益。景观规划的目的是协调竞争的土地利用,提出生态上健全的、文化上恰当的、美学上满意的解决办法以保护自然过程和重要的文化与自然资源,使社会建立在不破坏自然与文化资源的基础之上,体现人与自然关系的和谐。③它既协调自然、文化和社会经济之间的不协调性,又丰富生物环境,不仅要以现在的格局,而且要以新的格局为各种生命形式提供持续的生息条件。④根据景观优化利用原则,集中土地的利用,通过合理的空间布置,进行景观规划。乡村景观规划的核心是生态规划与设计。

乡村景观规划的意义在于,景观规划强调的是资源的合理、高效利用和传统景观的保护,是在城市化与环境之间建立协调的“城市—区域”发展模式,使城市化过程建立在充分考虑区域景观特征和环境特征与演变过程的基础之上。同时,景观规划强调在保护与发展之间建立中长期的景观均衡模式,并强调人地协调,以改善人类聚居环境和提高生活质量为根本。乡村景观规划不仅突出对自然环境的保护,而且突出了对环境的创造性保护,突出景观的视觉美化和环境体验的适宜性。景观规划的目标与可持续发展的目标也是一致的,进行乡村景观规划,在自然景观环境保护与经济发展、社会进步和人民生活质量提高以及未来社会的持续发展之间，建立可持续发展的体系。

新农村景观的规划符合科学发展观、可持续发展观的思想观念，是建设资源节约型与环境友好型农村的关键环节。新农村景观的规划是以遵循环境秩序为前提而进行的，体现的是一种生命力之美，是与可持续发展观相适应的一种景观设计，是人们思想上的一种进步。

三、新农村景观规划的目标

新农村的景观规划以景观生态学为理论指导，解决的是怎样对乡村土地、空间、土地上的物质进行合理规划的问题，其根本目标是为人们创造一个符合可持续发展的、美化的乡村生态系统，要想实现该目标，必须把自然与社会两方面紧密结合起来，创造一个人与自然、人与人、景与景和谐统一的最优环境，以适合人们进行生活、生产、娱乐活动。

四、乡村景观规划的原则

进行乡村的景观规划与设计，要遵循一定的原则，具体有以下四个原则。

（一）整体综合性

景观是由许多的生态系统组成的，是一个具有结构与功能的综合体，与自然环境、生态系统有着重要联系，在进行新农村景观的规划时，应将景观看作一个不可分割的整体来考虑，以发挥其整体的最大功效。

（二）生态美学

所谓生态美，是多种美的融合，包括自然美、艺术美、生态关系和谐美等，与那种只注重人为形成的对称、线条美截然不同，在进行景观的规划与设计时，都以它作为最高美学准则。

（三）自然景观优先

自然景观优先是指进行景观设计时，要以保护生态环境为前提，人类的介入必须处在规定的环境容量内，不能对生态系统的基本通道进行破坏，要实现人与自然的和谐统一。

（四）景观多样性

多样性是反映生态系统变异性与复杂性的一个量度，包括物种的多样性、景观的多样性。当多样性的程度较高时，则说明生态系统的稳定性较大，同时也体现了个体特征的丰富性。

五、乡村生态景观规划的主要内容

（一）环境敏感区的规划

环境敏感区一般是指具有最显著区域景观特征的地区，也是较脆弱、一旦被破坏便难以弥补的地区。在进行新农村景观的规划与设计时，应对该区域的保护程度与范围进行分析、调查与评估，以确定环境敏感区的具体位置与范围，并实行重点保护，避免环境敏感区遭到不合理的开发与使用。

（二）注意在规划时保持完整的景观结构

完整的景观结构是使景观功能得到有效发挥的重要保障。可是乡村的景观结构时常会因为遭到人为的影响变得极不稳定，所以，必须在进行景观结构的规划时，对景观结构的薄弱环节进行补充，以完善其结构，进而保证其稳定性。以下是较常见的两种完善景观结构的方法。

1. 注重对新农村廊道的规划

农村廊道中，一般有河流、峡谷、道路等，廊道是一个生态系统的通道，包括物流、信息流及能流通道，在生态系统中占据着重要的地位，是农村景观规划要重点解决的问题。

(1)自然廊道的规划

在进行农村景观的规划设计时，应充分认识到保护自然廊道的重要性，并对其进行合理利用。

自然廊道通常是指河流与山脉这两种廊道，它的存在能够有效吸收、释放、缓解污染，能够形成一条保护环，避免农村遭到城市的污染。水是人类重要的资源，是人类赖以生存的重要条件，在进行新农村生态景观的规划时，应保护好河流廊道，同时也应对河流进行充分利用。对河流的开发利用，主要是为了营造堤岸防护林带，使之和两岸的乡镇、庭院及村庄绿化有机结合，最终形成相互交错、别具一番风味的山水田园风光。

(2)人工廊道规划

人工廊道是新农村景观规划设计中的一大要点与亮点，常见的人工廊道主要有人工修建的公路、铁路等，对于物质的运输、气流的交换、人员的流动具有举足轻重的作用。在农村中，人工廊道主要指的是村道。然而，当前的农村道路普遍存在布局不科学、无绿化、连通性较差等弊端，未能形成较好的道路交通网络。因此，在进行新农村景观的规划设计时，应坚持绿化、硬化与方便化的设计原则，将道路设计成为连通性较好的道路交通网络，并加强对道路两旁的绿化规划，如在配置树种时，可采用高、中、矮相结合的配置方法，营造多层绿带景观，既能作为景观，又能作为防护带。

2. 注重斑块的规划设计

斑块在城市景观要素中占有举足轻重的地位。一般而言，斑块主要指的是和周边环境具有外貌或者性质区别的空间单元，在乡村景观中，农田、草地等也是斑块。因此，在进行新农村的景观规划设计时，要正确认识到斑块的重要性，学会运用斑块理论，形成具有地方特色的斑块，如生活居住区斑块、特色农林生产区及农业观光旅游斑块。

当前，许多农村的居住点普遍存在分布杂乱、新老房屋未能分开布置、无公共绿化等弊端，在进行新农村的景观规划设计时，应把斑块建设均匀性理论作为理论指导，规划居民点时，按照“统一集中与均匀分布”的布局进行规划；与此同时，要规划好居民点间的公共绿地，这样既能均匀分布绿地，又能增强居民点之间的联系。此外，还要充分、合理地利用农村拥有的农林资源，既要有效进行产业发展，又要结合资源开发出新的观光旅游，促进特色农林生产区及农业观光旅游斑块的建设。

（三）加强对生态工程的规划

以往的景观创造主要以人工对环境的改造为主，该方法尽管可以在短时间内达成目标，并获得一定的新景观，但需要长期地耗费人力与能源去维持。在新农村景观的规划中，应把生态工程也作为一项重要内容，因为通过生态工程，能够利用环境的能动性来帮助景观自我增值，可以节省大量的人力、物力、资源。生态多样性可以营造一种综合性较强的生态环境，该种环境的结构层次较丰富，且其自身的生长、成熟、演化能力较强，能有效抵制外界对它的影响，即使不幸被破坏，也可以自行更新、复生。所以，应加强对生态工程的规划与设计，这样既能节省大量的人工管理费用，又能实现对景观资源的永续利用，实现了双赢的目的。

六、乡村景观规划设计的原理和原则

（一）乡村景观规划设计的原理

1. 共生原理

共生的概念来源于自然界中植物与动物的关系，指的是不同种生物基于互惠关系而共同生活在一起。该理论可以使人类通过共生控制人类环境系统，实现与自然的合作，与自然协同进化。一个系统内多样性越高，其共生的可能性越大。

乡村景观规划必须围绕人与景观的共生原理展开，人类的各种社会经济活动不能违背景观生态特点，两者的互利共生是景观优化利用的前提，是景观规划设计的终极目标。整合乡村聚居环境的自然生态、农业与工业生产和建筑生活三大系统，协调各系统之间的关系是景观规划设计研究乡村生态环境的重要任务。乡村景观规划的目标体现了要从自然和社会两方面去创造一种充分融和自然于一体、天人合一、情景交融的人类活动的最优环境，诱发人的创造精神和生产力，提供高的物质与文化生活水平，创造一个舒适优美、卫生、便利的聚居环境，以维持景观生态平衡和人们生理及精神上的健康，确保生活和生产的方便。

2. 景观结构与功能原理

福尔曼和戈德罗恩在观察和比较各种不同景观的基础上，认为组成景观的结构不外乎 3 种：①斑块，它泛指与周围环境在外貌或性质上不同，并具有一定内部均质性的空间单元。对于乡村景观而言，斑块可以是农田、居民点、草地等。②廊道，它是指景观中与相邻两边环境不同的线性或带状结构。常见的乡村廊道包括农田间的防风林带、河流、道路、峡谷等。③基质是景观中分布最广、连续性最大的背景结构。常见的有森林基质、农田基质、居民点基质，等等。

景观的基本功能包括环境服务、生物生产及文化支持。景观规划设计就是要保证这三大功能的实现。结构是功能的基础，功能的实现以景观协调有序的空间结构为基础。不同的空间结构形式，具有不同的功能特点和类型。景观元素是景观单元的基础，个体景观单元的合理利用方式，是景观结构协调有序的基本保证。景观规划由目标到功能、到结构、到具体单元逐级进行，每一步都是上一步内容的具体化，并共同构成景观规划的基本步骤。在乡村景观规划设计过程中，必须充分了解景观的生态特征。景观中任意一点，或是落在某一斑块内，或是落在廊道内，或是落在作为背景的基质内。斑块、廊道、基质是景观生态学用来解释景观结构的基本模式。这一模式为比较和判别景观结构，分析结构与功能的关系和改良景观提供了一种通俗、简明和可操作的语言。因此斑块—廊道—基质模式也是乡村景观规划设计可充分利用的模式之一。

3. 系统整体性和要素异质性原理

乡村景观是由景观要素有机联系组成的复杂系统，含有等级结构，具有独立的功能特性和明显的视觉特征。“整体大于部分之和”是系统整体性原理基本思想的直观表述。

乡村景观系统存在整体性的同时，各组成要素之间也存在异质性。异质性是指某种生态学变量，在空间分布上的不均匀性及复杂程度。异质性同干扰能力、恢复能力、系统稳定性和生物多样性有密切的关系，景观异质性程度高，有利于物种共生。异质性增加，即输入负熵，有利于景观生态系统的稳定。景观格局是景观异质性的具体表现，通过对外界输入能量的调控，可以改变景观的格局，使之更适宜于人类的生存。

乡村景观中纵横交错的道路构成的廊道网络、各种房屋构成的斑块等人为建筑，从形状到结构都应遵从统一规划和设计，尽可能寓实用和美观于一体。

4. 边缘效应原理

边缘效应指斑块与基质等边缘部分有不同于内部的物种及物种丰富度，边缘带越宽越有利于保护其内部的生态系统。对于边缘效应的进一步论述可由内缘比得出：

$$K=N/B$$

式中，N 为边缘带包围的内部区面积；B 为边缘带面积；K 为内缘比。

内缘比低有利于斑块与基质环境的生态系统，内缘斑块容易融于基质中；内缘比高，则有利于保存斑块中的资源，对外界的干扰有较大阻抗性。景观的边缘效应对生态流有重要影响，景观要素的边缘部分可起到半透膜的作用，对通过它的生态流进行过滤。斑块和基质等边缘部分，有不同于内部的物种及物种丰富度，其边缘带越宽越有利于保护其内部的生态系统。而且从信息美学角度看，不同质的两种构景元素的边缘带，信息容量大，在构图上易于产生魅力。这正是景观规划设计中应当注意并可以巧妙利用的地方。

（二）乡村景观规划设计的原则

乡村景观在风景园林规划设计中能够保护自然环境、促进乡村建设、提高乡村景观及教育功能等多种作用，因此在设计中需要做到以下几点原则。

1. 整体综合性原则

景观是由一系列生态系统组成的具有一定结构和功能的整体，是自然与文化生态系统的复杂载体。景观规划与设计需要运用多学科的知识，把景观作为一个整体单位来思考和管理，达到整体最佳状态，实现优化利用。

2. 景观多样性原则

景观多样性是在一个给定系统中，环境资源的变异性和复杂性的量度，包括物种多样性和景观多样性，即生境或生态系统的多样性两方面。多样性既是景观规划与设计的准则，又是景观管理的结果。每个景观都具有与其他景观不同的个体特征，即不同的景观具有不同的景观结构和功能。由此要求不忽视每一处景观特征，在景观规划中利用一切可能利用的要素。

3. 场所最吻合原则

合乎生态学思想的景观规划设计，要求将人类对自然的介入约束在环境容量以内，不破坏物质、能量流的基本渠道，创造服务于人，又与自然环境之间关系最融洽的场所。

4. 生态美学原则

生态美包括自然美、生态关系和谐美以及艺术与环境融合美。它与强调人为的规则、对称、形式、线条等形成鲜明对照,是景观规划与设计的最高美学准则。在规划与设计乡村景观时,尽可能有效地保护自然景观资源,维持自然景观过程和功能。同时,依据自然生态系统和生态过程进行景观设计,可减少投入,形成优化的景观,实现生物与环境之间的和谐统一。

5. 规划与保护原则

在乡村景观的规划和设计的过程中,应该重视保护乡村景观。比如农村耕地是乡村景观中的重点,也是国家的主要资源,因此,在其设计和规划过程中,要注意减少损坏耕地。乡村景观中很多河流、山川等自然资源或者历史文化遗产,如果受到了破坏就很难得到恢复。所以,在规划和实际中要做到规划和保护相结合的原则。

6. 开放性原则

乡村景观应该是社会共享的资源,应是被人们享受的资源。所以,要保证乡村景观的开放性,使其能够观赏、接近、享受,避免出现个人或者家庭式景观。

7. 协调性原则

协调性原则需要把乡村景观和人文、自然等因素相结合,在规划设计的过程中,要能够结合环境、生产、社会发展、旅游等相关因素,更深入地规划和设计乡村景观,同时保证乡村景观的特点。

8. 历史性与地域性原则

不同地区的乡村景观,有着不同的历史性和地域性。因此,在规划设计的过程中，要能够尊重当地的历史文化和区域的特点，保证地区中乡村的特色。

（三）乡村景观规划设计的方法

1. 保护乡村生态环境敏感区的方法

通过对乡村中重要、特殊的环境敏感区的保护，来把握乡村景观的基本脉络。规划区域中，环境敏感区往往是表现区域景观突出特征的最关键的地区，但又脆弱且经不起破坏，并且破坏后难以弥补。因此，相应的景观规划设计的方法，就是强化对这一地区的保护。通过调查、分析和评估，确定区域的环境敏感区的位置范围，以及环境容受力，制定相应的保护措施，防止不当的开发和过度的土地使用。

2. 完善景观结构的方法

通过划分、调整，来完善乡村景观的基本结构元素，串联起景观系统的各个环节，使其成为一个稳定坚强的系统。景观结构是景观机能即各种物质循环、能量流动、信息交汇的存在基础，只有保证景观结构的完善，才能实现景观机能的高效发挥。但乡村景观结构，往往由于人工的影响而显得十分不稳定。因此，相应的景观规划方法，就是补充景观结构的薄弱环节，使其更加周全而获得稳定。通常是通过建立充分的斑块和廊道，把乡村中每一处林地、绿地、河流、山地都纳入景观结构之中，同时根据乡村现状，确定斑块的最佳位置和最恰当边界。最终建立一个丰富、高效，可以自我供给、自我支持的动态景观结构体系。

3. 生态工程方法

传统的景观创造，强调人工对环境的改造，虽然能短期实现目标，获得崭新的景观，但往往要长久地花费大量的人力和能源才能维持。生态工程方法，则通过维持环境的某种程度的生态多样性，来发挥环境的能动性，实现景观的自我增益。生态多样性能形成一种综合的“栖息环境”。这种“栖息环境”具有丰富的层次组织结构，能自行生长、成熟、演化，并抵御一定程度的外来影响力，即使遭到破坏也有能力自我更新、复生。建立在栖息环境上的景观，就是自我设计的景观。它意味着人工的低度管理和景观资源的永续利用。

相应的景观规划方法就是建立栖息环境，以获得景观的自我设计能力。具体说，就是舍弃那种追求整齐划一、精心修饰的、以视觉观赏为主的精致景观设计法，而代之以多元化、多样性、追求整体生产力的有机景观设计法。

（四）乡村景观在风景园林规划与设计中的意义

乡村景观在风景园林规划中的主要意义有以下三点：第一，我国在进行社会主义新农村的改革建设，对于风景园林的设计师来说，乡村景观也是一个新的发展空间，是建设美好国土的开始。在乡村景观的规划与设计中，能够重视传统乡村文化的传承与保护，重视乡村生态环境的建设，提高乡村的视觉感受，提高乡村景观的价值。第二，乡村景观是具有显著的地域性特点的景观，属于乡土风景，能够显示乡村的气候特点、土地资源、自然风光、人文风情等动态情况，让人们能够更加直接地感受景观的特点，了解当地的风俗文化以及历史内涵。第三，乡村景观是人类和自然的相互作用下而产生的，有着十分和谐的美感，其自然资源更加丰富，给风景园林的规划和设计提供了很好的资源，也能让相关的设计人员不断产生新的思路。第四，乡村景观的规划和设计的主要目标，就是让人类和自然能够和谐共处，其中包括社会发展、生态环境、经济市场等多方面的因素，是一个需要长时间发展的过程。在此过程当中，其对城乡系统布局的科学调节、乡村资源和景观环境的改善、人们居住环境的绿色发展、农村旅游产品的开发以及塑造品牌产业等方面都有着重要的指导意义。

（五）乡村景观及乡村旅游的研究意义

“乡村”是重要的经济地域单元，不同时期的社会形态和社会发展程度所形成的乡村形态也不同，乡村形态不同，它的功能也各异，对资源利用的方式也随之各异。相对来说，在乡村景观类型中，人类对自然的干预相对较小，自然景观构成也就保存得比较完整，其中有各种各样的类别；这种状态下形成的文化体系就会有自己独特的特点和较为完整的地域文化特征，这是乡村文化得以保存的根本条件。所以科学合理的乡村景观规划，对保护我国遗存的乡村景观和乡村文化具有非常重要的现实意义。

目前社会发展状态下，我国的乡村环境发生了很大的变化，城市化导致了区域内的景观格局不断改变，加剧了农业资源与自然环境的问题。我国山地或丘陵地带的面积占国土面积的 2/3，山地型乡村面积十分广阔。并且由于这种山地形的乡村基本是远离城市的，与平原型的乡村相比，具有其独特的乡土聚落类型和景观资源类型，它的经济相对落后，生态也更脆弱、更敏感。所以，在目前城市建设下这种类型的乡村面临着巨大的威胁，因此研究我国乡村景观类型以及对其进行科学合理的规划，是促进未来社会的生态、经济可持续发展的必行之道。

我国自从中央提出“社会主义新农村建设”以来，新农村的规划与建设工作在全国范围内开展得如火如荼。很多相关学科的专家都从不同的角度对“乡村景观规划”进行了各种方向、不同程度的探索研究。对乡村景观的研究主要有 3 个方向：①从乡村地理学角度对我国范围内的传统农业与农业景观的问题进行研究。②从景观生态学角度对我国的生态脆弱区域和城乡交替区域的生态规划设计进行应用研究；从事这些研究的工作者取得的成果在国内是具有开创性的，对未来的乡村景观研究奠定了一定基础。③对乡村土地整理与土地利用规划的研究。

面对 21 世纪乡村发展的新趋势和发展机遇，乡村景观已逐步成为综合研究乡村产业发展与乡村人居环境改善，是乡村可持续发展研究的重要内容。通过对乡村景观研究，揭示乡村经济建设、乡村发展、农民致富、景观环境改善、景观生态环境保护、传统景观遗产保护与继承，与乡村景观环境的内在作用关系，从乡村景观规划的角度研究乡村景观经济建设、社会发展和生态环境保护与乡村的可持续发展，揭示乡村景观规划设计与乡村发展的内在联系与重要意义。主要体现在以下几个方面：

①区域（城乡）经济一体化促进乡村优势资源开发、产业结构战略调整与城乡景观一体化建设；

②促进乡村景观资源的高效、生态和无害化开发利用与可持续发展；

③加快乡村景观资源开发与游憩景观建设；

④推动乡村劳动力资源开发与乡村人力资本建设；

⑤以乡村社区建设为导向，推动乡村社区风貌塑造与景村、景镇建设；

⑥推动乡村人居环境的改善、建设与景观环境提升；

⑦城乡经济的一体化整合发展，促进城乡景观功能协调；

⑧推动乡村景观建设，带动乡村经济发展进程；

⑨乡村景观规划对乡村景观发展及乡民生活、交通、教育发展间的关系，乡村景观是乡村经济、社会和环境的复合镶嵌体；

⑩合理开发、利用、保护、保存乡村景观，实现乡村景观的多重价值体系与功能。

随着我国社会主义市场经济的发展和加入WTO，乡村面临着前所未有的发展机遇与挑战，旅游业正逐步成为乡村经济与社会发展的重要产业部门。旅游业所具有的经济振兴、社会协调和景观环境提升三大功能越来越显现，随着观念的变革，人们意识到乡村景观环境对乡村社区和旅游者也越来越重要。乡村景观是乡村经济、社会和环境的复合镶嵌体，旅游是经济、社会和乡村景观环境建设的桥梁和纽带。

乡村景观是一种具有特定景观行为、形态和内涵的景观类型，也是具有特殊景观环境、活动和景观建设的景观区域。随着乡村旅游的开发，城乡经济的深入发展和相互融合，城市化和逆城市化成为冲击乡村景观的重要动力。乡村景观规划就是在认识和理解景观特征与价值的基础上，通过规划减少人类对环境影响的不确定性，推动乡村旅游和乡村的可持续发展，推动城乡景观一体化建设。在对乡村景观充分认知的基础上，合理开发、利用、保护、保存乡村景观，实现乡村景观的多重价值体系与功能，在乡村景观面临多因素、高强度的扰动因素下，协调和建立统一的城乡发展体系、景观体系和功能。都市郊区是重要的景观与旅游空间，是具有特殊性质的乡村景观。城乡一体化是城市化过程中的战略主题。可以说乡村旅游是协调城乡景观一体化的重要途径。

第二节　乡村景观国外研究现状

一、国外乡村景观研究现状综述

国外开展景观生态学的应用研究和农业或乡村景观规划较早的主要是欧洲一些国家，如捷克、德国、荷兰等。一般认为这方面的研究始于20世纪五六十年代，几十年来其规划理论与方法体系逐渐形成并不断完善，对世界乡村景观规划起了推动作用，对保护和恢复乡村的自然和生态价值，协调城镇边缘绿地和乡村土地利用之间的特殊关系等方面起到特别重要的作用。

西方国家的乡村景观在最近几十年的工业现代化发展过程中面临着一系列威胁。如城市的扩张，各类设施的建设猛增，消费水平的提高，城市人口的大量迁入，加之机械化、现代化的农耕方式和对土地的不合理开发和废弃，改变了乡村居民的生活方式与乡村景观的社会文化特质，加速了乡村景观的退化，更加剧了生态环境的恶化。20世纪80年代，学者们从形成景观的社会和文化方面对乡村景观进行了理论上的丰富，给予乡村景观在生态功能、空间优势、文化传统与经济价值等方面的研究前所未有的关注和重视。

20 世纪 90 年代,国际景观生态学组织在“欧洲乡村景观的未来”会议上围绕景观变化、可持续农业与乡村景观、景观恢复三个主题进行讨论研究并达成共识。解决乡村景观面临的一系列问题需要研究出更多有效的方法才能得到满意的成果。

几十年来国外发达国家对乡村景观的研究从多层次、多视角来考虑,获得许多积极意义的成果。如对乡村景观规划设计的原则和方法、建立乡村景观规划的评价体系,以及对乡村景观的保护研究,等等。相比新兴的乡村规划建设,对于传统的乡村保护研究,国家和地方也制定了相对完善的法律法规,居民都拥有较高的参与度和保护意识。总体而言,从对国外乡村景观的研究来看,大多侧重于生态环境的研究,充分考虑景观中的人的行为研究、注重景观的社会和文化价值的研究。

在乡村景观研究中,欧美国家特别注重相关法律法规的制定。德国在 20 世纪五六十年代年代颁布的《土地整治法》中就明确规定了自然保护区的概念,改善农村生活和生态环境。荷兰在 20 世纪 70 年代颁布的《乡村土地开发法案》提及农业发展与乡村土地的户外休闲、景观保护等协调发展的概念。在农业发展的同时,注重乡村景观的设计及景观环境保护。

随着经济的发展,许多发达国家在城市化进程中也遇到了城市化与工业化带来的一系列问题。特别是日本、韩国也开始关注并注重乡村景观建设。日本在乡村建设过程中采用了“民众主导”的发展模式,调动农民发展了强大的草根性运动——日本造町运动,对日本传统乡村景观建设起到了决定性作用。随着乡村景观建设的发展,开展了“一村一品”运动和“美丽的日本乡村景观竞赛”等活动,极大激发了乡村人民积极参加乡村建设的积极性,焕发了乡村人民改变家乡面貌的人情。韩国在 1970 年发动了名为“新村运动”的乡村景观建设的活动,改善了乡村居民的生活理念和水平,提高了经济收入,同时改变了村庄不合理的布局,改善了乡村环境,提升了乡村的整体品位,有效地保护了乡村景观。

（一）德国

德国的土地整治有上百年的历史。20世纪50年代中期，德国制定并实施了《土地整治法》，不仅使土地得以规整，扩大了农场规模，提高了农业劳动生产率，而且明确了乡村村镇规划，规划自然保护区，改善农民生活条件和生态环境。这对乡村景观规划及自然维护具有积极的意义。1935年，德国颁布了《自然保护法》，计划保护有价值的景观因素和地段，但是当时还尚未提出以区域、城市的尺度对环境进行全面保护的构想。1960年左右，当时的联邦德国开始编制第一个景观规划，重点放在解决城市及区域的环境问题上，建立旨在保护土壤、水源、动植物群的保护区。1973年，《自然与环境保护法》在联邦德国多数州获得通过，自然保护的法案要求编制包含所有城市和村镇区域的景观规划。近30年来，景观规划工作已经从强调保护单一的自然地段逐步变成一个全面保护自然环境、提高环境质量的运动，实现了乡村地区经济效益、社会效益和环境效益三者统一。德国的乡村景观规划设计要求生态性、文化性和美学性，在制度上偏向官方主导。此外，Haber等人建立的以GIS与景观生态学的应用研究为基础的用于集约化农业与自然保护规划的DLU策略系统，都在乡村景观的重新规划和与城市土地利用协调上起了重要作用。

（二）荷兰

荷兰是较早开展乡村景观规划的欧洲国家之一，乡村景观规划在荷兰经历了漫长的发展阶段。1924年，荷兰颁布了第一个《土地重划法案》，目的在于改善土地利用，该法案极大地改变了乡村地区的景观特征。1938年，荷兰颁布了第二个《土地重划法案》，目的与第一个是一致的。1947年，荷兰颁布了《瓦尔赫伦土地合并法案》，目的是为了农业、户外休闲、景观管理、公共住屋以及自然保育的整体利益。1954年，荷兰颁布了第三个《土地重划法案》，允许土地用于其他社会目的。20世纪70年代初，出台了

《乡村土地开发法案》，更多地关注乡村地区的功能。在理论研究上，H. N. Van Lier 等提出了以“空间概念”和“生态网络系统”等描述多目标乡村土地利用规划与景观生态设计的新思想和方法论。

（三）捷克

捷克景观生态学家 Ruzicka 和 Miklos 在总结已有规划方法和模型的基础上，提出了一套系统的景观生态规划方法 LANDEP，包括综合的景观生态学分析、景观组成要素的系统调查和分析、景观样地的生态评价和优化的土地利用建议等方面的内容。

（四）英国

英国的乡村田园景观举世闻名，是国内外热爱户外旅游者的最爱，这与英国各级政府长期从事乡村景观立法和保护是分不开的。英国一般指大不列颠联合王国，包括英格兰、苏格兰、威尔士及北爱尔兰四个自主性立法的独立邦，各有各的保护立法与中央级主管机构。一般而言，包含郡政府、区域政府、地方政府在内，都扮演着极为关键性的角色。其中，1968 年由前身为“国家公园委员会”转变而成的“乡村委员会”在乡村景观保护方面最为突出。乡村委员会是一个由环境总署督导、支助的特别委员会，负责英国境内乡村景观的保护与休憩服务业务，也包括规划设计国家公园。乡村委员会的主要目标在于确保英国境内乡村景观得到完善地保护，基本任务就是保护与强化英国境内乡村自然美的特征，并设法帮助更多人能去享受这些自然风景和文化生活。乡村委员会本身并不拥有土地，也不直接经营管理公园、林区或是景点，而是研究有益于乡村的产业、游憩发展政策，再说服相关机构或团体落实这些政策。为达成设立目标与基本任务，乡村委员会通过与相关部门、地方政府和民间团体三种合作方式推动乡村景观保护重大方案的开展，主要包括：①乡村管理：委托乡村居民就近保护景观；②绿篱奖励：奖励乡村居民保存绿篱围墙景观。

③社区森林：营造乡村社区性多功能森林；④道路通行权：清除及维护道路通行权网络；⑤国家步道网：乡村景观休憩空间系统；⑥乡村行动：社区参与景观保护行动；⑦基础工作：指导乡村衰落振兴行动。1987年开始，英国的农渔业暨食品部陆续推动一系列的农业环境政策。MAFF于1994年开始着手在英格兰和威尔士地区实施的乡村开放计划，目的是为了提供休耕农地作为民众散步和休闲之用。1997年，英国自然署、遗产署及乡村委员会经过多年合作调查研究结果，完成了全国性整体保护计划的乡村特征方案，该方案将英国划分为120个自然区与181个乡村特征区。

（五）法国

1913年制定的《历史古迹保护法》和1930年制定的《文化区域保护法》是法国在乡村整治初期最常用的两个法令。1976年在文化部和农业部的合作下，又增定了《自然保育法》，使得乡村更新能在更完善的法令下进行。1993年，法国公布了第一部有关景观的专门法律——《开发和保护景观法》，对于一些具体问题，诸如如何开发乡村土地中的围篱、小溪，如何植树等，都能用某一条适用的法律条款进行解决。1994年颁布的《景观法》是一部现实的、强调实效性的法律，对景观的保护有着积极的作用。1995年颁布的《加强环境保护法》中有关景观的条款也非常重视实效性。此外，法国环境部拟定的《景观合同》由农耕者自愿经营开发，如在私营的土地上栽种树木、草坪、建造梯田等，该法的实施获得了成功。

（六）美国

美国推动的乡村环境规划（REP）主要是帮助乡村居民提高他们管理可持续发展环境的能力、一个可独立维持的社区经济、与其他形成乡村生态体系的构面。REP以民众的需求为规划的依据，尽可能地在规划与决策过程中包含多数人的意见。美国在推动乡村环境规划的过程中，特别强调公众的参与、地区整体均衡发展、人才的培养、景观环境美化体系的建立、地方意识与持续发展，并且必须考虑当地的特殊性与居民的认同。1985 年，美国成立了马萨诸塞州乡村中心，该中心把区域规划和景观规划设计结合起来，创立了乡村景观规划新学科。近年来，Forman 提出了一种基于生态空间理论的景观规划原则和景观空间规划模式，特别强调了乡村景观中的生态价值和文化背景的融合。

（七）韩国

1970 年，韩国政府发动了“新村运动”，该运动涉及乡村社会、经济和文化各个层面，不仅改善了乡村居民的生活水平，提高经济收入，而且改变了村庄不合理的布局，美化了村庄环境。在韩国，传统而安静的乡村群落、梯田稻田、人工草地和果园大大推动了韩国乡村生态旅游业的发展。

（八）日本

20 世纪 60 年代，民间自动组织发动“造町运动”，主要表现为对传统建筑聚落的保存、对农业产业的振兴和对地区生活环境的改善，这对保护日本传统乡村景观起着重要作用。1979 年，平松守彦先生倡导了“一村一品”运动，挖掘可以成为本地区标志性的、可以使当地居民引以为豪的产品或项目，此项运动激发了村民建设家乡的热情，改变了乡村的物质和精神面貌。20 世纪八九十年代，日本对乡村景观的系统研究相继展开，涉及乡村景观资源的特性、分析、分类、评价和规划等各个方面。1992 年起，日本通过举办“美丽的日本乡村景观竞赛”和“舒适农村”等评比活动，推广依靠当地居民自身努力建设舒适农村的先进典型，以促进农村的治理整顿。

国外开展的乡村景观研究与实践对目前处于社会主义新农村背景下的乡村景观规划在法律法规、保护意识、自主创新和景观教育等多方面有着值得借鉴的经验。

二、国外乡村景观发展背景分析

（一）欧盟国家

以法国为代表的欧盟国家，欧盟共同农业政策做出了一系列调整，通过建立“两大支柱”对农民进行补贴，以实现农业所具有的经济、社会发展和环境保护等多重功能。“第一支柱”又称为“市场和价格支持”，是为了发挥农业的经济功能，以提高农业竞争力为目的，对进入农业市场农产品的生产者进行直接支付的补贴。“第一支柱”原本为欧盟农业政策中关于农业补贴的唯一内容，但是随着20世纪70年代欧洲农业发展的变化，欧盟前身的欧共体认识到农业单一经济功能的局限性和发挥农业其他功能的必要性，才逐渐树立“第二支柱”的观念，并采取了行动。

(1)转向“农村发展支持”的欧盟共同农业政策概述。“农村发展支持”通常也称为“第二支柱”，其内涵随着欧洲农业近30多年的发展逐渐丰富和明晰，突出了农业结构调整、环境保护和农村区域社会发展等功能，并进一步拓宽其内容，与“第一支柱”相得益彰，构成当前的欧盟共同农业政策的主要内容，表现为一系列的立法框架。

“农村发展支持”的发展历程在1957年欧洲国家于罗马签署的《欧共体条约》当中，关于农业的相关政策目标主要包括提高农业生产力、保障农民收入、稳定市场、保障农产品有效供给以及以合理的价格供给等内容，尚无农村发展的基本观念。作为对已被证实为失败的1968年“曼斯霍尔特计划”的反思，1972年共同农业政策当中包含3个“欧共体理事会指令”，分别对农业现代化、鼓励休耕与农业区域的结构调整和重新分配、农业社会经济发展和农业生产者职业技能的获得进行了规定。这些规定重点在于进行农业结构调整，但是从实施效果来看，欧盟委员会报告得出了“主要是富裕地区从中受益”的结论。与此同时，山区等农业生产环境恶劣地区的发展和扶持问题引起了欧盟的关注和重视，很快体现为理事会指令，并形成一个以农业生产环境恶劣地区农民为支付对象的津贴补偿系统，涉及农村特定区域发展问题。此后“农业生产环境恶劣地区”的范围日益扩张，一度占据欧盟农业区域的55%以上，这一现象使得相关政策在后来饱受争议。此后，20世纪80年代初欧洲环保运动的发展，促使欧共体将一部分环境问题纳入欧共体条约和共同农业政策之中。一方面，欧共体立法授权成员国家可以就其环境脆弱地区进行特别立法，在保障当地农民收入的情况下，适当减少农业生产密度以适应当地环境保护需要。另一方面，调整津贴补偿系统，将农村环境保护纳入到考量的范畴。尽管上述改革有利有弊，1992年麦克沙利改革以互补性政策的方式，明确和强化了农业的环保功能、结构调整和区域发展功能。1996年，欧盟在爱尔兰考克召开了“欧洲乡村发展研讨会”，这一会议以及会后发布的《考克宣言》，被认为是欧洲第2次农村环境文化革命的标志，确立了充实农村发展内容的指导方针。在1999年《农村发展规范》中，农村发展这一观念获得了更新和拓展，新增加公众、动植物健康、动物福利、职业安全以及提升农产品质量等内容，并在随后的欧盟2000年议事日程当中正式将农村发展界定为“第二支柱”。此时的“第二支柱”包含内容更为广泛的农业发展支持政策，比传统概念的内涵和外延更为广泛。

(2)2005年后“农村发展支持”的目标和指导方针：2005年，欧洲议会对农村发展的主要政策目标和实现方式的探索告一段落，以立法的形式将“农村发展支持”的主要内容固定下来。2005年欧盟理事会第1698号规则为建立一个符合当前欧盟发展水平的新法律框架，树立了3个目标。①通过支持重组、发展和革新，提高农业和林业的竞争力；②通过支持土地管理，提高乡村环境质量；③提升农村地区生活质量和经济活动的多样性。2006年欧盟理事会第144号决议提出农村发展的指导方针，共6条，其中4条分别对应共同农业政策的4个主轴，另外两条一个是对各成员国具体实施计划的延续性的强调，另一个是对欧盟相关正式文件的补充性指导。“农村发展支持”主要集中体现在第 1～3 个主轴，第 4 主轴主要是为前 3 个主轴实现的可持续性提供辅助和补充服务。主轴 1 以提高农业和林业的竞争力为目的，着眼于对农业、林业和加工业的支持，进行高品质和高附加值农产品的生产，满足欧洲和全球消费者日益增长的需要。据此，该部分的指导方针是重点考虑食品生产加工过程中知识转化、现代化、革新和质量问题以及实物资本和人力资本的投入，构建强有力的农产品生产加工部门”。主轴是对农民和林农在环境保护、管理方面的支持，该部分指导方针优先考虑 3 个方面：一是农林业系统的生物多样性、自然价值和传统景观；二是清洁的水源；三是气候变化。主轴是提升农村生活的品质，促进农村经济的多样化，该部分的指导方针则突出创造农村就业机会和发展条件这两个方面，特别是“以当地发展为核心，提升居民的能力、技能和组织化程度，同时保证农村地区对后代的吸引力”。

1. 意大利

意大利人口有 6760 万，人口增长率为 0.9%。政府主管农业的部门为农业政策部；地区性农业规划属于地方政府领导。农业产值占该国国内生产总值的 3%。主要的农产品有小麦、玉米、大米、水果和蔬菜。在过去的 5 年中，小麦的年均产量为 740 万吨，进口量为 660 万吨，国内总消耗量为 1120 万吨；玉米的年均产量为 970 万吨，进口量为 62.2 万吨，国内总消耗量为 1020 万吨，其中饲料用量为 910 万吨，碾米的年均产量为 83.5 万吨，国内总消耗量为 32.1 万吨，出口量为 60 万吨。据美国农业部和国际粮食委员会估计，2000—2001 年度，意大利的小麦产量为 727.2 万吨，消耗量为 1132.2 万吨，出口量为 284.6 万吨，进口量为 695 万吨；面粉产量为 500 万吨；玉米产量为 1026.5 万吨，消耗量为 1063 万吨，进口量为 30 万吨。

意大利北部地区的农业主要生产粮食、甜菜、大豆、肉类和奶制品，南部地区专门生产硬质小麦、水果、蔬菜、橄榄油和酒。尽管多山的地形不适宜农业种植，但是该国仍有140万人从事农业。意大利的农场接近300万个，每个农场的面积为7公顷。

农业政策：作为欧盟成员国之一，意大利的农业政策与欧盟的共同农业政策保持一致。当欧盟的“2000议事日程”农业政策完全实施时，按公顷计算的粮食和油籽种植补贴将拉平，这样就会促进意大利冬粮的种植。

长期以来，意大利的耕地面积呈不断下降的趋势，因为农场主对种植更加有利可图的农作物的兴趣越来越小。

最近，意大利政府对农业、食品、林业资源部进行了重组，将该部原先在农业、林业、渔业、农业旅游业、打猎、乡村发展和食品领域的所有职能都移交给了地方政府。新成立的农业政策部将继续作为事关国家利益的农业、食品和林业政策问题的参考中心，并将负责与欧盟的联系。

如同欧盟其他国家一样，意大利农业目前所面临的另一个主要问题，是转基因粮食。鉴于新任命的意大利农业政策部部长是绿党成员，转基因粮食问题目前在该国已经变得特别敏感。新任部长在2001年3月命令对该国进口和交易大豆和玉米种子的21家公司进行调查，以确定它们是否存有转基因粮食。4月，意大利警察在北部地区的一家蒙山都公司没收了88吨大豆种子，依据是他们怀疑这家总部设在美国的生物技术公司进口了被禁止输入的转基因种子。

2. 德国

德国是西方工业大国、欧洲第一大经济体，其机械制造、化工医药及汽车工业闻名全球。不过，德国的工业能量并不反映在城市规模上，高楼林立、车水马龙的繁华景象在这个西欧国家并不常见，倒是连片的乡村衬托着城市，并与城市无缝对接、和谐共生。按照德国农业部的说法，德国国土面积的90%散发着乡村气息，约4400万人生活在乡村，占德国总人口的一半左右。

在德国政府的理念中，乡村和城市并非对立，而是互相依存。

因具有多样性和多重功能，乡村在德国并没有政治、经济、社会层面上的统一定义。但可以肯定的是，德国社会谈论的乡村地区已经超出了农业的范畴。德国农业部表示，虽然 28.5 万家农业企业(包括家庭农场)在德国乡村每年的农产品产值达 500 亿欧元，但乡村地区不仅有农业，它还是中小制造企业、服务型企业、手工业者的栖身之所，是德国发展新能源、搞技术研发的重要阵地，也是德国人理想的天然疗养场所。

政府同时也承认，德国乡村发展不均衡的现象突出，一些乡村地区缺乏企业投资、基础设施条件偏差、宽带互联网接入仍属空白，这些地区的人口数量逐年下滑、乡村规模趋于萎缩。具体来看，东部地区及其他偏远、结构松散的乡村萎缩尤为明显。

德国政府特别指出，乡村规模萎缩存在着恶性循环：人口减少—人均基础设施建设成本升高—基础设施建设停滞—受教育机会不足—就业机会减少—居民购买力下降—地方税收减少。尤其是在低出生率及人口老龄化背景下，德国乡村人口下滑的压力越来越大。

如此形势下，为了促进乡村地区发展，德国政府基于欧盟的农业政策框架，计划在 2014 年至 2020 年间投入 176 亿欧元(平均每年逾 25 亿欧元)支持乡村发展，其中 94.4 亿欧元来自欧盟，81.4 亿欧元来自德国联邦及地方政府。

就具体措施而言，政府一方面大力支持乡村的现代农业发展，增强当地的经济实力；另一方面通过加大基础设施建设和社会环境建设，增强乡村对人力、物力、财力的吸引力。

3. 荷兰的土地整理与乡村景观规划

在荷兰，乡村景观规划与土地整理过程紧密联系，息息相关。从 1940 年开始，荷兰的风景园林师开始逐渐参与到乡村工程、土地改善和水管理的项目中；1950 年之后，国家林业部门、尤其是园林部门鼓励风景园林师和园林咨询人员参与到乡村区域的改造中。在鼎盛时期，有 30～40 个风景园林设计师活跃在乡村景观规划的领域。

荷兰传统乡村景观由于不同的土壤、水文条件以及历史时期特定的开垦方式,呈现出多样性。泥炭圩田、滨海圩田和湖床圩田是最具有荷兰特征的乡村景观,占了荷兰国土的约一半面积。

早期整治:土地整合

1924年,荷兰颁布了第一个《土地整理法》(Land Consolidation Act),主要目的是改善农业的土地利用,促进农业的发展,通过土地置换等,使不同土地所有者的土地相对集中,规整划一。

1938年,荷兰颁布第二个《土地整理法》,相较于1924年法案,目标一致,只是手续相对简单化了,并给予财政补助,提高了土地整理项目的可操作性。

这两版土地整治法案都将农业利益置于首位,内容包括改善水管理、优化土地划分和进行道路基础设施建设。尽管这一时期土地整理在提高农业生产效率上显示了它的成功,但是由于其实施目标的单一性,美丽的乡村景色在土地整理后一定程度上有所破坏。

中期整治:农业优先

1947年,荷兰颁布了《瓦赫伦岛土地整理法》(*Walcheren Land Consolidation Act*),成为荷兰土地改革历史上的一个重要时期,开始从简单的土地重新分配转向更为复杂的土地发展计划。1954年,荷兰颁布的第三个《土地整理法》,目的是促进农业、园艺、林业以及养殖业的生产力,解决“二战”后的粮食短缺,同时,也允许预留出最多5%的土地服务于农业生产之外的其他目的,如自然保护、休闲娱乐、村庄改造等。

第三版《土地整理法》明确规定了景观规划必须作为土地整理规划的一个组成部分,乡村景观规划自此在荷兰获得合法地位,催生了荷兰风景园林的职业化,国家森林署(National Forest Service)是重要的规划编制单位,聚集了一批投身乡村建设、富有才华的风景园林师,有的设计师日后成为荷兰风景园林的行业翘楚。

这一时期乡村景观规划的主要目标仍然是为农业生产而分离土地的使用类型，但开始涉及户外休闲、景观管理以及自然保育等其他方面的利益

1970年以来：综合景观

20世纪70年代，社会开始对乡村进步所付出的代价感到不安。历史性和生态敏感性景观正在持续性的消失，人们进行了更为深入的思考，开始寻求土地整理项目新的发展方向。1981年由农业与渔业部颁布了《乡村发展的布局安排》(*Structure For Rural Area Development*)法案。该法案与《户外娱乐法》(*Outdoor Recreation*)、《自然和景观保护法》(*Nature And Landscape Preservation*)组成了1980—1990年荷兰有关乡村发展的主要法律。

1985年，荷兰政府颁布了土地使用法案，要求"拓展乡村发展目标、协调与其他物质规划的关系、购买土地用于非农目标、优化决策过程、完善地区管理体系"。相比以往农业优先的规划，娱乐、自然和历史景观保护被置于与农业生产同等重要的地位。

近年来，荷兰乡村建设的目标随着社会发展变得更加广泛，乡村整治任务变得越来越全面和综合。风景园林设计师对河流的自然进程也非常关注，注重空间规划、水管理和自然保护之间的新关系。

(二)亚洲国家

1. 日本造町运动

日本在"二战"之后，经济遭受沉重打击，故致力于重建城市，把主要的资本集中在东京、大阪、神户等大都市上，农村青壮人口大量外流到城市，城乡差距扩大。在1955—1971年的16年间，工业和其他非农产业的就业人口增加了1830多万人，总数达到4340多万人，占就业总人数的比重从61%提高到85%；同期农业劳动力则从1600万人减少到760多万人。大城市及其周围人口过密，而在农村人口过疏的现象，使得农业生产力大幅下降，农村

面临瓦解的危机。在这样的背景下，日本的造町(町相当于我国的镇)运动于20世纪70年代末兴起，其出发点是以振兴产业为手段，促进地方经济的发展，振兴逐渐衰败的农村。随着造町运动的发展，其内容扩展到整个生活层面，包括景观与环境的改善、历史建筑的保存、基础设施的建设、健康与福利事业的发展等；运动的地域也由农村扩大到城市，成为全民运动。日本造町运动有以下四个特点：

(1)坚持传统建筑形态，町村风貌统一。保持自己建筑的原汁原味也是保存自己的乡镇文化的一种方式，保留日式的木质建筑和低矮的特点。

(2)完善设施配套，缩小城乡差距。在日本农村地区，市政设施建设与配套都是市场化的，农户主要通过申请向市政管理部门要求配备市政设施。但是，特别对部分散居的农村地区来讲，管线到户必然涉及超额的铺设成本，因而这些地方仅配套水、电等基础设施，煤气则使用液化天然气，这体现了一种实事求是的态度。

(3)加强规划引导和政策扶持。集中反映日本当前农村建设政策取向的有四类现象。一是在土地放开的基调下日益加强规划控制，这主要体现在推行农田整备、围海造田后的统一规划和鼓励住房集中等事项上，特别是在农田整备方面，这些年日本政府花费大量财力物力，并日见成效。二是建设投资分工明确。以日本水利事业为例，如某项目涉及地区用水安全，由国家财政承担2/3的经费，县级政府承担30%，町政府承担余下极小比例。在涉及农田改造时，也由农户承担小份额经费。三是自然环境保护政策严格。四是鼓励农村居民参与。从制定地区发展规划，到建设地区环境项目，日本农村地区居民都能发挥影响力，某种程度上甚至起主导作用。

(4)乡镇文化体验为主。日本由于国土面积较小，没有广阔的空间进行景观规划，这点从日本的园林特征也能看出，空间的精髓是幽静深远的禅文化。在田园综合体的规划中亦是如此，突出乡镇文化的体验性、参与性、趣味性，以此给游客带来难忘的观赏体验。

小结：

日本采取造町运动的产生原因和我国的现状十分相像。日本的措施中更多的是对城市人口往乡镇的吸引，完善的设施让乡镇中的人享受城市中的生活这也是吸引城市人口的重要的方法。

日本的乡村景观较西方相比更注重宣传和吸引他人，跟我国的整体情况更为契合，日本的小町总能找到相关的契合点来吸引游客，后期的宣传，前期的风格统一外加吸引人的景观如：温泉、山野、乡村特色活动等是日本的乡村景观的强项。

2. 韩国

20 世纪 60 年代以来，韩国工业飞速发展。是继日本之后，在亚洲国家里第二个实现了农业机械化的国家。韩国位于亚洲朝鲜半岛南部，地形东高西低，河川平原地带多集中到西南部，流域广阔，渔业兴旺。韩国在经历 30 年的工业化、城市化的进程后，取得了外向型经济的高速增长，成为发展中国家的楷模，因此也带来了城乡、国民各阶层与产业部门之间发展不平衡。

韩国新村运动：

韩国国土面积约 10 多万平方公里，人口 4500 万左右，山多，但其国内可耕种面积少，耕地仅占国土面积的 22%，平均每户只有 1 公顷多。韩国的人口密度很大，每平方公里 480 人。由于人口对有限国土面积的压力日益增大，从而导致地价不断上涨，这种现象尤以城市近郊最为显著。此外，韩国资源匮乏，只有劳动力资源。基于这种国情，韩国的决策者们一致认为，依靠人力资源开发发展经济是韩国得以快速、持续发展的唯一途径。因此韩国政府及时开展了“新村运动”，农业和农村的健康发展推动了整个国民经济的持续稳定增长。激发农民自主建设新农村的创造力，缩小城乡与工农差距。

韩国政府是在 20 世纪 70 年代初开始在全国开展“新村运

动”的(1970 年 4 月,在全国地方行政长官参加的抗旱对策会议上,朴正熙提出了“建设新村运动”的构想),目的是动员农民共同建设“安乐家园”,因为当时占全国人口 70%以上的韩国农民生产和生活状况落后,而政府也没有钱。在“新村运动”初始阶段,政府向全国所有 3.3 万个行政里(行政村)和居民区无偿提供水泥,用以修房、修路等基础设施建设。随后,韩国政府又筛选出 1.6 万个村庄作为“新村运动”样板,带动全国农民主动创造美好家园。“新村运动”在短短几年时间里改变了农村破旧落后的面貌,并让农民尝到了甜头,“新村运动”由此逐步演变为自发的运动。

20 世纪 70 年代末,政府行政领导退出“新村运动”,全国各地以行政村为单位自发组成了开发委员会主导“新村运动”,吸收全体农民为会员,并成立了青年部、妇女部、乡保部、监察会和村庄基金。运动的主要内容包括农民自发修筑乡村公路、整治村庄环境、帮助邻里修建房屋、兴办文化事业、关心和照顾孤寡老人等。

韩国政府在组织实施新村运动的过程中,制定了阶段性目标,至今已开展 30 年,取得了超出预期目标的效果,实现了一个发展中国家跨越式、超常规发展的模式。

(1)基础建设阶段(1971—1973 年)

这一阶段的目标是改善农民的居住条件,如改善厨房、屋顶、厕所,修筑围墙、公路、公用洗衣场,改良作物、蔬果品种等。自 1970 年冬季开始,政府无偿提供水泥、钢筋等物质,激发农民自主建设新农村的积极性、创造性和勤勉、自助、协同精神。由中央内务部直接领导和组织实施,建立了全国性组织新村运动中央协议会,并形成了自上而下的全国性网络,同时建立新村运动中央研修院,培养大批新村指导员。新村运动经过基础建设阶段,初步改变了农村的生活居住条件,引起了广大农民的共鸣,调动了他们立足家乡、建设家乡的积极性,妇女也开始参与各种社会活动。

(2)扩散阶段(1974—1976 年)

在这一阶段,新村运动迅速向城镇扩大,成为全国性的现代化建设活动。原来划分的自立村，根据村民的收入情况改划为福利村。新村建设的重点从基础阶段的改善农民居住生活条件发展为居住环境和生活质量的改善和提高，修建了村民会馆和自来水设施，以及生产公用设施，新建住房，发展多种经营。政府对新村指导员、国家各级公务员、社会各界负责人分批进行了新村教育；对卓有成就的农村提供贷款，并在各方面提供优惠政策；动员理工科大学和科研院所的教师、科技人员轮流到农村巡回讲授和推广科技文化知识和技术。在这一阶段，农民收入大幅度提高，农业连年实现了丰收。

(3)充实和提高阶段(1977—1980 年)

在这一期间，随着城乡差距的逐步缩小，社区经济的开发日趋红火，政府推进新村运动的工作重点放在鼓励发展畜牧业、农产品加工业和特产农业，积极推动农村保险业的发展。同时，为推动乡村文化的建设与发展，为广大农村提供各种建材，支援农村的文化住宅和农工开发区建设。在这一阶段，国内政治不断动荡，新村运动受到种种批评和责难。经过调整以后，新村运动从政府主导的“下乡式运动”转变为民间自发，更加注重活动内涵、发展规律和社会实效的群众活动。

(4)国民自发运动阶段(1981—1988 年)

在这一阶段，政府大幅度调整了有关新村运动的政策与措施，建立和完善了全国性新村运动的民间组织，培训和信息、宣传工作改由民间组织来承担。政府只是通过制定规划、协调、服务，以及提供一些财政、物质、技术支持和服务等手段，着重调整农业结构，进一步发展多种经营，大力发展农村金融业、流通业，进一步改善农村的生活环境和文化环境，继续提高农民收入等。当时，农村居民普遍认为，他们的经济收入和生活水平已接近了城市居民生活水准。

(5)自我发展阶段(1988 年以后)

随着韩国经济的快速发展，一派繁荣气象从城市开始逐步向四周农村地区扩散，新村运动也带有鲜明的社区文明建设与经济开发的特征。政府倡导全体公民自觉抵制各种社会不良现象，并致力于国民伦理道德建设、共同体意识教育和民主与法制教育。同时，积极推动城乡流通业的健康发展。新村运动转变为国民自我发展阶段以后，为在运动初期启动农村经济、文化活动而建立的政府机构、活动内容和形式逐步弱化，而具有客观生存与发展规律，有助于农村经济、文化发展的机构、活动内容和形式，如农业科技、推广、培训组织，农村教育机构、农协、流通、农村综合开发、农村经济研究等组织机构应运而生，并在不断优化其结构中生机盎然地传承着新村运动的精神和理念，发挥着应有的作用。

新村运动的主要内容、形式和社会效益：

新村运动初期，政府把工作重点放在改善生活环境上，其理由是：(1)农民当时最为迫切的要求是改善自己的居住生活条件；(2)改善农民基本生活条件，更容易启发农民并得到广大农民的积极响应。新村运动就是在这种农村社会背景下发起，又通过一系列实实在在的项目开发和建设工程，增加了农民的收入、改变了农村的面貌，得到了广大农民的拥护和称赞。

①改善农村公路

当时的韩国农村，从地方公路到村级公路既狭窄又弯曲，没有桥梁，各种车辆和农机具无法通过，交通十分不便。新村运动初期，全国大部分农村都组织实施了修建桥梁、改善公路的工程。1971—1975 年间，全国农村共新架设了 65000 多座桥梁，各村都修筑了宽 3.5 米、长 2～4 千米的进村公路。到 70 年代后期，除了个别极为偏僻的农村外，全国都实现了村村通车。村民们又自发起来，修筑了许多政府还没有顾及到的大小河堤。不少农民无偿让出了自己的土地，供村里修路。新村运动发起后，很多农村妇女积极参与，村里选出男女各 1 名担任新村指导员，妇女活动在新村运动中发挥了重要作用。

②改善住房条件

1971 年，在全国 250 多万农户中约有 80%住在苫有稻草的茅草屋，但到 1977 年，全国所有的农民都住进了换成瓦片或铁片房顶的房屋，使农村面貌焕然一新。由于改善了农村周围的公路，水泥和钢筋等物质的运费也大大降低，很多农民从外地运来水泥和沙子，改善屋顶工程逐渐转变成以建新房为开端、建设新农村的事业，政府也积极给予贷款支援农民改善居住条件和环境。

③农村电气化

60年代末，在韩国的农村只有20%的农户装上了电灯，其余的农户还在传统的煤油灯下生活。到1978年，全国98%的农户都装上了电灯，90年代全国已实现了电气化。新村运动初期，政府鼓励竞争，优先给积极参与的农村供电。随着新村运动的深入开展，农村电气化得到迅速发展，缩小了城乡之间的差距。在这期间，由政府补助一部分，农民借用低息贷款，加速实现了农村电气化。农民的生活发生了相应的变化，家电得到了普及，农民为了购买彩电、冰箱、洗衣机就要储蓄，这又促进了农村储蓄业的迅速发展。

④农民用上自来水

自古以来，韩国农民饮用井水，而传统的井水既不卫生又不方便，需要花费很多劳动力和时间。当时，能喝上自来水，对农民来说是梦寐以求的夙愿。新村运动开始时，村民们自觉地动员起来，把山上的水引到村里的蓄水池后用水管接到每家每户。因地势高，不宜引水的村庄，深挖井，再用水管接到每家厨房，用抽水泵取水。80年代，普及使用汲取地下水的井管挖掘机，农村的饮水条件进一步得到改善，农村环境卫生条件也明显得到改善。

⑤推广高产水稻品种

新村运动初期，政府开始推广“统一系”的水稻高产新品种，使韩国的水稻生产跨入划时代的发展阶段。1970—1977年，水稻的每公顷单产从3.5吨增加到4.9吨。农民们在水稻生产中，学到了共同合作的“集团栽培”方式。水土条件相近的10～30户农民，这种共同协作的“集团栽培”，使得水稻高产品种在极短时间内推广到各地农户，提高了全国农民的水稻栽培水平。

⑥增加农民收入

在韩国，农户收入由种植业为主的农业收入和非农收入两部分组成。随着工业化和城市化逐步向农村地区扩散，农户收入中的非农收入所占比重逐步增大，预计到 2004 年，非农收入所占比重从 1994 年的 35%增加到 50%。韩国农民收入的明显提高是从 70 年代开始的。1970 年，农户年平均收入为 25.6 万韩圆（当时可折合成 824 美元），按每户 6 口人算，人均收入 137 美元；1978 年农户年平均收入为 3893 美元，人均 649 美元，即使考虑通货膨胀的因素，农户的实际收入也大大提高。韩国农民的收入急剧提高，得益于以下几个因素：(1)自 1973 年以来，在全国范围内推广水稻新品种；(2)自 70 年代中期，政府为保护“统一系”水稻新品种的价格，给予财政补贴；(3)部分农户改种经济作物，调整优化农业结构；(4)政府以新村运动的名义，大量投资，扶持农村经济持续发展。

⑦农协组织的迅速发展

70 年代的新村运动，对于韩国农协，尤其是基层农协的发展作出了很大贡献。自古以来，韩国农民因贫困交加而没有多少储蓄的习惯，但自 70 年代以来，越来越多的农民开始到农协金融机构储蓄，而且储蓄额也不断增大。1971 年每户农民的储蓄额只有 4300 韩圆（时价 12 美元），而 1978 年增长到 24.5 万韩圆（500 多美元）。随着农民储蓄额的不断增加，由农协提供的农业生产资金也不断增多。60 年代中期，由农协提供的生产资金中，70%来自政府的财政资金或金融资金，而到 70 年代中期，这一比重下降到 25%。农协的信用资金主要来源于农民的储蓄，农协的金融组织在农村金融业中占据重要的位置。妇女组织在发展农村储蓄业中发挥了积极的作用，为新村运动注入了新的活力。

除了金融业外，在流通方面，农协也发挥了积极的作用。农民在种植水稻高产新品种的过程中，施用了大量的化肥和农药，农资、建材、家电等物质也都由农协来组织提供。随着农村经济的快速发展，农协的规模也迅速得到扩大。70年代，全国基层农协的数量为1500个，大致与邑为单位的行政区域数相近，一个基层农协对1000多户农民开展业务。一个基层农协的工作人员从1972年的6名增加到1980年的18名；一个基层农协受理的资金从1977年的4300万韩圆增加到1980年的23.4亿韩圆(330万美元)，其中180万美元来自信用事业，100万美元来自经济活动，50万美元来自公共福利保险事业。由此可见，基层农协在当时社会经济活动中发挥了重要作用。

⑧兴建村民会馆

新村运动一般在冬季农闲期间开展，但在当时很难找到村民能集中讨论活动的场所。为在农忙期间节省劳动力，提高劳动效率，在村民会馆中办起了公共食堂。妇女会在村民会馆中还举办了公共交易场，降低了产品的流通费用，节省了村民的购物时间。村民会馆收集了包括农业生产统计资料和农业收入统计资料在内的各种统计资料。农民不是只通过书本，而是在各种实况展示和社会实践中亲身体会到了民主决策和管理的真谛，也学会了与各级政府同心协力，共同改变农村落后面貌，进而加快实现农村现代化的实践能力。

自2003年3月，卢武铉当选总统开始执政以来，提出了20项基本国策，倡导建设具有竞争力和生活和美的农渔村，具体政策有8项：(1)确保农渔村预算达到10%，进一步提高农渔业的竞争力；(2)开发环境亲和型农业；(3)增加农民收入，增幅达到20%，补贴农民收入因为农产品价格走低而减少的部分；(4)确保农渔业稳定经营；(5)建立农渔业福利体系；(6)稳定农民收入；(7)增强农村经济的活力；(8)奠定农渔业旅游基础。

新村运动教育引导：

韩国学者认为，要想把政府的意图长期、正确地贯彻实施下去，变成全体国民的自觉行为，就必须加强新村教育，教育全体国民树立勤勉、自助、协同、自立精神的民主市民意识。1972年，韩国政府成立了中央研修院，1990年，该院正式定名为“新村运动中央协议会中央研修院”。新村运动初期，新村教育比较注重对社会各阶层的核心骨干人员和中坚农民的培训，如举办过骨干农民培训班、新村指导员班、农协组合长班、农协管理干部班、妇女指导员班、土地改良组合长班、水产团体干部班、农村教育骨干人员班等共二十四种培训班，通过集体住宿、集中讨论、生活教育等三个环节达到教育目的，培训的主要内容有地区开发、意识革新、经营革新、青少年教育等七个方面，到1995年，各层次的新村教育共培训了34.2万多人次。中央研修院通过新村教育，培养了一大批献身于国家经济发展的社会骨干，为推动韩国加入世界发达、文明国家的行列作出了巨大贡献。

新村运动主要成就：

1971—1975年，韩国农村共新架设了6.5万多座桥梁，各村都修筑了宽3.5米、长2～4千米的进村公路，到70年代后期，除了个别极为偏僻的农村，全国都实现了村村通车，在改善农村居民生活、生产设施上，取得了极大的成功。同时，通过大力发展特色农产品产业，实施区域开发、建设农产品流通批发市场，推进农村金融业发展、支持农民协同组织等多种措施，农村经济迅猛发展，农村居民收入不断增加，1993年，农村居民的收入已达到城市居民的95.5%，农村中百户拥有彩色电视机率123.6%、电冰箱105%、汽车20.9%、煤气炉100.4%、电话99.9%、计算计6.7%，新村运动在推动城乡统筹协调发展和区域平衡发展中发挥了巨大作用。

新村运动的重点是增加农民收入。韩国农民收入的明显提高是从70年代开始的。1970年，农户年人均收入137美元，到1978年，农户年人均收入649美元。韩国农民收入的急剧提高，得益于以下几个因素：(1)在全国范围内推广水稻新品种；(2)政府为保护水稻新品种的价格，给予财政补贴；(3)部分农户改种经济作物，调整优化农业结构；(4)政府以新村运动的名义大量投资，扶持农村经济持续发展。此外，大力发展农村文化事业，也是“新村运动”的主要内容之一。从开展新村运动的第二年开始，各地农村纷纷兴建村民会馆。农民有了自己的会馆以后，不仅用来召开各种会议，还用来举办各种农业技术培训班和交流会。村民会馆还经常向村民展示本村发展计划和蓝图。在村民会馆组织的各种活动中，农民学会了与各级政府同心协力、共同改变农村落后面貌的实践能力。

新村运动启示：

韩国政府在推动城乡统筹发展、发展农村公共事业、发展现代农业、增加农民收入等给中国至少四个方面的有益启示。

要让农民成为新农村建设的主体

要尊重农民的主体地位，尊重农民的意愿，从而激发农民建设社会主义新农村的内在的自信、决心和创造性、主动性，在此基础上，农民无穷的智慧与创造力才会体现出来。即使政府认为对农民有益的事情也要先征求农民的意愿，决不强行推行，让农民成为各项农村建设事业的主体。

要落实全面综合的新农村建设

新农村建设涉及农村经济建设、文化建设、政治民主建设等农民生活的方方面面，进一步扩大公共财政覆盖农村的范围，把农村基础设施建设、农村文化教育、农村医疗卫生等纳入政府统一规划建设，整体进行综合建设和治理。应先从村庄改造、乡村道路等小型工程入手，建设村容整洁，生活便利的新农村，树立农民建设家乡的信心，进而推动农村自治管理；挖掘农村传统文化资源，树立勤劳节约、互助合作的民族优良传统。

要进一步推进农村管理体制改革

农村管理体制分宏观和微观两个层次，微观层次主要指乡村治理结构，宏观层次指县以上农村管理体制。微观的改革重点是推进村民自治和乡镇机构改革，大力推进农民组织化进程，实现乡镇自治。政府主要通过法律、法规来实现对乡村的治理。宏观层次的农村管理改革首先是合并职能，分散在不同部门的涉农管理职能合并集中后由统一的部门来执行；其次是下放管理职权，最后要改变涉农管理中人员分布的“倒金字塔”型结构，让那些受过高等教育的技术人员、管理人员到基层和农村去。

要强化宣传和教育

新农村建设作为中国现代化进程中的重大历史任务，要动员城市志愿者以及社会各界力量参与和宣传新农村建设，还要加强对新农村建设，特别是要做好对农民的教育培训和指导工作，要利用现有的教育资源和设施，重点加强对农村中那些具有公益心、组织能力和开放性的农民骨干力量的培训。

新村运动与中国新农村建设的相似之处：

韩国于20世纪70年代初开始进行新村运动，与中国的新农村建设具有更大的相似性：(1)面临的问题基本相同。韩国在20世纪60年代城乡居民的收入差距明显加大，1962年农户的年均收入是城市居民家庭的71%，而到1970年则下降到61%。当时，在全国农村人口中经营不足1公顷耕地的农户占67%，这些人的年均收入不到城市居民的50%。这虽然远远不及中国的城乡收入差距。但其“三农”问题的症状与中国一样，都存在农民占人口比重过大、农业机械化程度低、鄙视和离弃农业农村的风气蔓延、农业基础薄弱、农村教育落后、农民普遍缺乏自信等问题。(2)所处发展阶段基本相同。1962—1971年，韩国实施第一、二个经济发展五年计划，重点扶持工业，扩大工业产品的出口，政府主导的出口导向型经济发展战略取得了一定成效，人均GNP从1960年的85美元增至1970年的257美元。政府已有财力支援农业，以缩小城乡、工农、区域之间的差距。我国人均GDP已于2003年超过1000美元，也具有了以工哺农的能力。(3)国家主导型经济发展模式相近：都是国家和政府主导、权威感召、学者广泛支持和参与的社会、经济发展模式，能够在短期内集中力量办大事，办群众拥护的事。(4)都具有东方民族文化，如尊重长者、政府官员和学者，注重礼仪和社会秩序。

新村运动与中国新农村建设的差异：

指导思路上的差异：

新中国成立以来，如何确保农产品稳定、有效供给一直是我国政府制定农业政策的首要目标，所有的政策措施都是为了确保农产品尤其是粮食的供给，把农村问题简化为农业问题，简化为农产品供给问题，很少考虑生产农产品的主体——农民的实际需求。从家庭联产承包责任制、开放农产品价格、改革粮食购销体制、减免农业税赋、实施种粮直补政策等无不沿袭着这样的政策思维。单一的思维使我们的农村政策越走越窄，政府对农业生产调控能力越来越弱。韩国新村运动的成功实践表明，解决农业问题，重点是解决农民的问题，通过实行农村教育、卫生、文化、基础设施的综合开发建设，让农民安居乐业，提高他们的生活质量，关心他们享受的福利水平，他们才能生产出更多更好的农产品满足社会需求。

农民参与程度的差异：

农民的参与程度低是我国各项惠农政策实施效果差强人意的主要原因之一。导致农民参与程度低的主要原因有三个方面：一是参与政策的制定和实施的程度低。我国农业政策的制定和实施都是以部门和专家为主体，农民一直处于被动的接受状态，长期养成了依赖和漠不关心的习惯，各项政策难以达到预期目标；二是农民组织化程度低，缺少政策承担载体。实施家庭联产承包责任制后，农民的组织化不断弱化，税费改革后，农民的分散化加快，农村出现管理真空，出现了“有事无人干，有人无事干”的尴尬现状；三是乡村政权改革滞后。乡镇政府职能取向错误，承担了过多的经济管理职能，忽视了服务职能，强化了对乡村的控制，民间力量得不到发展。

韩国新村运动以村为单位实施各项政策，并推行竞争机制，真正让农民成为政府惠农政策的组织者、实施者和受益者，从根本上激发了农民建设家乡的热情。各级政府的工作重点用在协调、管理、监督方面，确保各项政策落实到位。

管理体制

我国农业管理体制脱胎于计划经济时代的管理模式，改革开放后，虽进行了修修补补，但总体格局未作大的变革。我国农业管理体制最大的弊端是多头管理，职能交差，缺少统一协调管理的权威部门，部门之间各自为政、相互封锁、争权夺利现象突出。支农政策和资金由各个部门组织实施，部门利益难以打破，出现了农业管理官僚集团，财政支农中的重复建设、盲目投资、效益低下问题突出。

小结：

欧洲对乡镇的规划中最突出的特点是立法和对土地的规范使用，我国现行的乡镇政策中还是缺少更为详细和硬性的法律对土地的使用进行限定。荷兰对乡镇所颁布的法律都推进了荷兰农村一步一步从传统农业向现代农业的转变。欧洲作为田园综合体的先行者已经有很多成功的案例，给我们最好的借鉴是田园综合体不是一蹴而就的，是一个漫长的工程。要满足本地居民的生活要求更不能破坏乡镇原来的经济模式和生态，前期规划是最为重要的，不仅要对当下的需求进行设计，还要对田园综合体的未来进行展望和规划，规划是最大限度地保存乡镇的特色和文化，笔者认为其成功的根本在于前期的规划和保护。

第三节　国外乡村景观案例分析

一、英国科茨沃尔德小镇

概况：科茨沃尔德拥有最美丽的乡村田园风光。拥有“英格兰心脏”之美誉，以柔和的景致、蜜色岩石村落、乡村豪宅和优秀家庭旅馆而著称（图 2-1），也以别具一格的自然美景和英格兰最有魅力的乡村而得到世人的认可。

中世纪时，这一地区是英国羊毛贸易的重镇集中地，因羊毛贸易聚集的财富而繁荣和富庶。所以，科茨沃尔德地区的农村基础设施、庄园的建造、田园的精致，都远超英国的其他地区。其虽然知名，却不是正式的行政区，此地仅是地区名称，因此没有明确的边界范围。科茨沃尔德地区约有200多个乡村，皆为中古时期因羊毛产业的发达而形成的自然村落。此地保有历代建筑，具有传统风格以及浓厚的英国小镇风味。它代表了英格兰乡村的最高水准，浑然天成的静谧、精致和优雅，让人们罗曼蒂克生活的幻想成真。

图 2-1 科茨沃尔德小镇

区位：科茨沃尔德地属英格兰，位于斯坦福德镇（莎士比亚之乡）的南面。

交通：可从牛津乘坐火车到莫顿因马什，再搭乘半小时的公交车到达水上伯顿。

自然景观：

来到这里，你会看到甜蜜温馨的乡村，熙来攘往的集镇，古典的英伦丘陵风景，干石墙、牧羊群和湖泊，薰衣草花海和向日葵田，处处都散发出英伦田园乡村的独特魅力。

最大的动植物公园，占地160英亩，包含各种动植物类别，并且融入了教育理念，是最受游客欢迎的景点之一。

拥有各种别具风格的休闲、创新、欢乐的英国乡村花园，如一座拥有2200种玫瑰的马美士百利镇亚比屋花园、小规模的磨坊丘陵花园、佩恩斯威克洛可可式花园、科茨沃尔德农场公园等。

人文景观：

科茨沃尔德有各种类型的博物馆，如羊毛加工博物馆、动植物博物馆、美术博物馆等，详细生动地向游人展示了该地的历史和文化艺术。

科茨沃尔德散落着200多个小庄园。淡雅宁静的氛围，蜂蜜色的房子一座接着一座伴着门前的绿草和窗口的鲜花不断映入眼帘，堆砌出一片优美的田园乡村风光。

拥有富历史气息的教区教堂，如菲尔顿大教堂、告士打大教堂、格洛斯特大教堂等，其中告士打大教堂是哈利波特的取景地。

区域内还有多个历史悠久的小镇。建筑风格古朴典雅，河流环绕，一派典型的英国乡村景致，号称“英国水上威尼斯”。

历史遗迹：

世界著名的史前建筑遗迹巨石阵就位于科茨沃尔德地区，已被列为世界文化遗产，每年都吸引百万人从世界各地慕名前来参观。

世界文化遗产、英国巴洛克建筑的杰作布兰姆宫，也是温斯顿·邱吉尔爵士的出生地，坐落在壮观秀丽的大草原上，有一望无际的草坪和礼仪花园，景色美不胜收。

区域内还散布各种历史悠久的城堡，如华威城堡、休德利城堡等，各个充满了英国古典风格，与周围景色融为一体，有种浑然天成之美。

淡雅从容的乡村客栈：

住宿餐饮多由农场、渔场及特色庄园提供，建筑风格古朴华丽，干净的门窗和白色窗帘带着英伦味道，食物烹调采用传统的英式烹饪方法。

Lords of the Manor，一家庄园酒店，这里呈现的是一种低调的奢华，整个建筑由蜂蜜石搭建而成，有种荒凉而又温暖的美感，只有26间客房，非常私密，酒店后面是一个小公园，溪水、藤椅、木桌、草坪，风光无限，放眼看去，即使只是惊鸿一瞥，也足以让人感慨万千。

节庆活动：

科茨沃尔德不仅风景优美，还有各种新奇有趣的活动吸引着无数爱好者前来参加。

科茨沃尔德奥林匹克运动会：一年一度的科茨沃尔德奥林匹克运动会在每年春季河岸假日后的星期五举行，已有400年的历史。由于比赛项目独特有趣，十分受英格兰人的欢迎。运动会有套袋跑比赛，独轮手推车比赛，运水接力赛，踢腿比赛等。

其他活动：不同城镇几乎每个月都有专属的特别活动，像是中古古装骑士、花展、空军表演等十分有趣的活动，每次都会引来无数人参加和观看。

参观活动：香水制作作坊对游人开放参观，以供了解香水的制作工艺；还可以参观科茨沃尔德猎鹰主训练中心，观赏盘旋于空中的大雕、鹰隼和猫头鹰。

二、法国科玛小镇

科玛小镇概况：科玛位于法国东北部与德国接壤地，创造出迥异于德国和法国的亚尔萨斯传统（图 2-2）。

图 2-2　法国科玛小镇区位图

概述：科玛位于法国东北部与德国接壤的地方（图 2-3），是法国著名小镇，素有小威尼斯之称，德法的交相统治丰富了科玛市容风格，不同的传统文化在此融合，创造出迥异于德国和法国的亚尔萨斯传统。

图 2-3　法国科玛小镇区位图

美誉：散步之城、有小威尼斯之称，法兰西风情，葡萄酒产地，运河小镇，著名雕塑家巴托迪的故乡(图 2-4)。

节日：9 月葡萄酒节，泡菜节。

图 2-4　法国科玛小镇(一)

发展：科玛始建于公元 9 世纪，1939—1945 年，先被德意志吞并，“二战”胜利后回到法国，现今科玛是亚尔萨斯酒乡中最重要的城市，具有小镇的纯朴自然，充满独特风情(图 2-5)。

图 2-5 法国科玛小镇(二)

葡萄产业:科玛主要以葡萄栽培、葡萄酒酿造及相关产业为经济的主要支柱,因此又被称作葡萄产业驱动的世界旅游小镇(图 2-6)。

图 2-6 法国科玛小镇(三)

功能布局:

老城区:生活居住、葡萄酒加工、葡萄酒文化展示、参观旅游等;

葡萄酒庄园:葡萄栽培、葡萄采摘、葡萄酒酒窖参观、休闲旅游、度假等。

科玛的经济非常发达,葡萄栽培、葡萄酒酿造,以及因葡萄酒而发展的相关产业是地区经济的主要支柱,科玛是阿尔塞斯的葡萄酒中心,是法国干白葡萄酒的主要产区,是法国 AOC(法国葡萄酒的最高等级)酒的法定产区;

以葡萄为核心驱动和主题特色,形成在原有葡萄种植及葡萄酒酿造基础上,配备葡萄酒主题旅游产业,并最终成功发展为因葡萄酒而世界著名的旅游小镇。

“小威尼斯”:科玛小镇处于运河交错的地区,河流众多,因此小镇被誉为“小威尼斯”(图 2-7)。

图 2-7　法国科玛小镇(四)

“小威尼斯”小河蜿蜒,柳荫深处保存完好的半木造房子,家家庭院花木扶疏,处处充满小桥流水人家的悠闲气氛。以美丽的半木造屋建筑获得“街道艺术学会奖”的殊荣。在 16 世纪时期,曾是阿尔萨斯的葡萄酒贸易中心,市内的运河当时的作用便是运载葡萄酒。

小镇处于运河交错的地区,也是许多花匠聚集的地方,小镇称得上是水上花城桥梁:河流遍布造就了众多做工精致,独具一格的桥梁,配合花草的点缀(图 2-8),艺术气息浓厚。

图 2-8　花草点缀的科玛小镇

连接运河两岸的各式小桥在花草的点缀之下，更具艺术特色（图 2-9）。

图 2-9 科玛小镇沿河岸的步行道

街道：科玛小镇很多街道铺满鹅卵石（图 2-10），烘衬出宁静祥和的小镇氛围，街道两侧都设置了人性化的长椅，方便休息。

图 2-10 科玛小镇鹅卵石铺成的街道

公共空间：小镇有各种供人们休息游乐的广场和街道（图 2-11），著名的有古海关广场（图 2-12）和葡萄酒街（图 2-13）。此处常举行节庆活动或户外的表演节目，广场中间是巴洛第的重要作品 Schwendi 的铜像。

图 2-11　科玛小镇的游乐广场

图 2-12　科玛小镇古海关广场

图 2-13　科玛小镇 葡萄酒街

休闲空间：运河两侧随处可见各种水吧，享受河畔的恬静时光，遮阳篷、鲜花栏杆、几个椅子就限定了沿河道的路边随意布置的休闲场所(图 2-14)，有很大灵活性。

图 2-14　科玛小镇的亲水路边水吧

特色建筑：由于科玛曾属于德国一段时间，建筑呈现浓厚的德国风格，图案鲜明，色彩斑斓，有许多木质骨架的房屋(图 2-15)，屋顶多以橘色和绿色的砖砌而成，装饰有各种颜色的鲜花，形成独具特色的科玛风格。

图 2-15　科玛小镇建筑

三、意大利波托菲诺小镇

意大利波托菲诺小镇位于意大利西北地区，是名闻遐迩的旅游胜地，典型的地中海风格小镇。

概述：波托菲诺位于意大利西北地区（图 2-16），利古利亚海岸东面，靠近著名的灯塔，是名闻遐迩的旅游胜地，典型的地中海风格小镇。

图 2-16 意大利波托菲诺小镇区位图

20 世纪 20 年代，波托菲诺得到迅猛发展。许多欧洲贵族喜欢这里小镇的气候和环境，怀着寻找独特而原始的宁静来到波托菲诺。他们建造了堂皇的村庄，定居于此，使波托菲诺名闻于世。之后，陆续有更多的名人来到这里，包括意大利和世界各地著名的艺术家、金融家和政治家。

布局：小镇依山面海（图 2-17），小镇竖向上沿山势呈阶梯状布局（图 2-18），水平向沿碧绿的小海湾海岸线带状分布，建筑都朝向大海，保证了每户人家至少有一扇窗户可以毫无遮掩地眺望到大海。

建筑：三到五层的坡屋顶小楼，有塔楼，形成高低错落的轮廓感，小楼全部用红、黄、褚等鲜艳的颜色装饰着外墙，倒映在碧绿的海水中显得格外美丽（图 2-19）。

图 2-17 依山面海的波托菲诺小镇

图 2-18 波托菲诺小镇阶梯状分布的建筑

图 2-19 波托菲诺小镇的建筑

休憩场所：

面对大海设置的一排白色躺椅，天然卵石铺地，树荫环绕（图 2-20）。

图 2-20 波托菲诺小镇面对大海的休憩场所

商业:利用得天独厚的海景资源,小镇成功地打造了临海商业带(图 2-21)。咖啡馆、面包店就近将餐桌摆在碧蓝的海水边,从桌椅,装饰品等细节上营造艺术感的休闲场所。

图 2-21 波托菲诺小镇临海商业带

公共空间:无论是广场、巷道还是其他公共空间的打造,小镇都致力于给居民以最开阔的视野和最宜居的氛围(图 2-22)。丰富的空间是小镇具有悠闲生活氛围的源泉,居民在这些场所进行各种活动,能体验到或舒适或静谧或开阔的感受。

巷道:三四米左右的小街道显得亲切,蜿蜒的形式适合散步(图 2-23)。

广场:围绕塔楼陈设,半围合空间,采用鹅卵石铺地(图 2-24)。

图 2-22 波托菲诺小镇休闲的公共空间

图 2-23 波托菲诺小镇休闲的小街道

图 2-24 波托菲诺小镇鹅卵石铺地

四、德国——自家庭院式市民农园

德国——市民农园:自家庭院的农家生活体验

德国的休闲农业大致可分为度假农场、乡村博物馆及市民农园等三种类型。其中度假农场的发展可追溯至1960年;乡村博物馆起源于1973年在奥地利展示的民俗村;而德国休闲农业作为欧美休闲农业中比较有代表的是市民农园,它起源于中世纪德国的Klien Garden。在那个时期,德国人习惯于在自家的大庭院里划出小部分土地作为园艺用地,栽种花、草、蔬菜,享受亲自栽培作物的乐趣。但真正成熟发展起来的市民农园,一般认为是19世纪初德国政府为每户市民提供的一小块荒地,以实现蔬菜自产的活动。

1919年,德国制定了《市民农园法》,成为世界最早制定市民农园法律的国家。1983年,德国修订《市民农园法》,其主旨转向为市民提供体验农家生活的机会,使久居都市的市民享受田园之乐,经营方向也由生产导向转向农业耕作体验与休闲度假为主,生产、生活及生态三生一体的经营方式,并规定了市民农园五大功能:提供体验农耕之乐趣;提供健康自给自足的食物;提供休闲娱乐及社交的场所;提供自然、绿化、美化的绿色环境;提供退休人员或老年人最佳消磨时间的地方。

德国的休闲农业可分为度假农场、乡村博物馆及市民农园等三种类型,其中最有代表性的为市民农园(图2-25)。在中世纪的德国,人们习惯于在自家的大庭院里面规划园艺用地,以花草、蔬菜种植作为生活的乐趣之一。到19世纪初德国政府为每户市民提供一小块荒地用以蔬菜资产,市民农园在德国真正成熟发展起来。

市民农园土地来于两大部分:一部分是镇、县政府提供的公有土地,一部分是居民提供的私有土地。每个市民农园的规模约2公顷。大约由50户市民组成一个集团,共同承租市民农园。租赁者与政府签订为期25～30年的使用合同,自行决定如何经营,但其产品不能出售。市民农园充满自然元素和当地文化气息，深得人们喜欢。

图 2-25　德国的市民农园

典型案例

德国人首创的生活生态型市民田园——施雷伯田园(图 2-26)，独门独院，各具风格，充满了大自然情趣和文化气息，如同微缩的露天民居博物馆。

图 2-26　施雷伯田园

每一户小田园里，主题建筑是童话世界般的“小木屋”(图 2-27)，院子里有过去的辘轳井或泵水井，地上摆放着精美可爱的小风车和各种家禽模型。

小木屋门前有长满奇花异草的蔬菜园(图 2-28)。田园里的菜只许种不许收。秋后枯萎的蔬菜和花草覆盖住潮湿的土地，保护地里的水分，既避免秋冬刮风带起沙尘，第二年春天又可以翻到土里作肥料。

图 2-27　施雷伯田园内的主题建筑

每个市民农园如同一个个“小田园”，周围是低矮的篱笆、藤蔓或灌木丛。一幢幢独门独院的小木屋有序分布，院子里有辘轳井或泵水井，地上摆放着精美可爱的小风车和各种家禽模型，菜园里种植着鲜花、蔬菜。

图 2-28　施雷伯田园的菜园

每到周末，生活在城市的人们会举家来到郊区的农园，租赁一栋小屋，进行农事体验、休闲健身或享受生态环境。由于近年来申请市民农园的家庭急剧增加，德国还发展了相当数量的协会进行民间管理，联合发展，松散的“小田园”逐步向“大田园”发展。

施雷伯田园是德国人首创的生活生态型市民田园，大多建在大中城市的近郊区，目前在德国东部有 70 万个，西部有 65 万个。

除此之外，它还是德国近郊田园木屋度假的代名词，田园的各家各户都是独门独院，充满了大自然的情趣与文化气息。每一户的小田园里都充斥着极具乡土气息的小设施（水井、水塘、风车等），因此，近年来申请租赁施雷伯田园的德国家庭急剧增加，这里也成为孩子们的自然课堂。

总体特征：德国的休闲农业大致可分为度假农场、乡村博物馆及市民农园等三种类型，其中比较有代表性的是市民农园。其主旨是向市民提供体验农家生活的机会，使久居都市的市民享受田园之乐，经营方向也由生产导向转向农业耕作体验与休闲度假为主，生产、生活及生态三生一体的经营方式。选择经济便捷的近郊搭建生态型田园生活，主题特色鲜明，将精致美丽的世外田园景观、朴实文艺而又惬意民宿生活和亲近自然的第二教育课堂相联系。其客源市场大部分都市白领休闲度假游、中产家庭亲子科普游。

运营亮点：

政府＋市民的共同承租运营模式，田园的土地不局限于政府的公有土地，市民也可通过与政府签订租赁合同的方式参与其中，并自主经营。这样的运作模式也助推德国的农业产业由传统生产向农事体验、休闲度假转型升级。

设计亮点：

生态环境的改善——市民田园将德国脏乱差的城乡结合部改成了绿色的田园景观。

小而精的田园规模——每个市民田园面积大约在5000平方米，每个田园上的木屋占地不超过24平方米，这些都大大降低了运营成本。

避世喧嚣的“世外桃园”——优质的田园景观与文艺的木屋农舍成为德国市民闲暇时的休闲度假之地。

科学的管理模式——强大的法律支撑、专业的规划建设、完善的配套设施大大增强了市民田园的生命力。

五、美国——市民参与式市民农园

美国——社区参与的市民农园：利益共同体的形成

美国休闲农业的兴起可追溯至19世纪上流阶层的乡村旅游。第一个休闲牧场于1880年在北达科他州诞生。1925年，为加强与铁路公司联系和整体推介休闲农业品牌，许多地区休闲牧场纷纷成立协会。1945年左右，许多东部的富裕家庭前往西部的怀俄明州度长假，慢慢地，这种颇为贵族化的度假方式逐渐普及至中产阶层而成为一种大众化的休闲方式。到1970年，仅美国东部就有500处以上的休闲农场。

美国休闲农业得以发展的主要原因之一，是为解决第二次世界大战后食物生产过剩的局面，由美国农业部(USDA)协助进行农地转移计划，政府在经费和技术上协助农民转移农地非农业使用，其中一部分即转移为野生动物保育与游憩。美国市民农园采用农场与社区互助的组织形式，参与市民农园的居民与农园的农民共同分担成本、风险和盈利。农园尽最大努力为市民提供安全、新鲜、高品质且低于市场零售价格的农产品，市民为农园提供固定的销售渠道，双方互利共赢，在农产品生产与消费之间架起一座连通的桥梁。这种市场农园在北美发展很快，至19世纪90年代中期已有600多个。这种市民农园极大地加强了农民和消费者的关系，增加了区域食品的有效供给，有效促进了当地农业的顺利发展。

典型案例

美国Fresno农业旅游区由Fresno city东南部的农业生产区及休闲观光农业区构成(图2-29)。区内有美国重要的葡萄种植园及产业基地，以及广受都市家庭欢迎的赏花径、水果集市、薰衣草种植园等。采用“综合服务镇＋农业特色镇＋主题游线”的立体架构，综合服务镇交通区位优势突出，商业配套完善；农业特色镇打造优势农业的规模化种植平台，产、旅、销等相互促进。

图 2-29　美国 Fresno 农业旅游区

Fresno 市位于美国加利福尼亚州的 Fresno coutry，省面积 1.56 万平方公里，其中 87%的面积为城市，13%为农村；是世界著名的农业大省，年农业产值高达 56 亿元。此市是美国加利福尼亚州第五大城市，面积 290.9 平方千米，距离旧金山车程 3 小时以内；市内有 80 多个不同的民族，人口有 480000 人；农业发达、自然条件优越，依托国家公园及农业旅游年吸引游客量超过 300 万人。

由 Fresno city 东南部的农业生产区及休闲观光农业经典构成。区内有美国重要的葡萄种植园及产业基地，以及广受都市家庭欢迎的赏花径水果集市、薰衣草种植园等。美国 Fresno 农业旅游区成功地依托农业资源，发展成为美国知名的农业旅游区。而且 Fresno 依托产业资源、生态资源、区位配套等，发展休闲农业，综合服务于生态度假。振兴产业、惠及市民、带动旅游。

开设特色农业镇，每个镇均有主营项目，共同打造优势农业的规模化种植平台，产、旅、销等相互促进。综合服务镇交通区位优势突出，商业配套完善。此外，Fresno 在传统生产的基础上，增加观光、采摘、科普、体验等内容来发展观光体验。其中观光 Aspen Acres 农场时就有 90 分钟的农场介绍，骆驼、矮马、晕厥山羊、侏儒山羊、自剪毛绵羊等动物，还有观看与学习，触摸与喂食等环节，互动性十分高。而在 Blossom Bluff 果园有 80 余亩，150 多品种果林观光，多种水果及干果制品销售，水果知识普及和采摘讲解，适合家庭、旅行团一起参与。在保证原有产业基础上进行产业升级和销售渠道的延展，完美地实现了产销结合。如 Circlek Ranch 农场设有果园观光，乡村商店内有水果、干果及农特产等售卖。Sun-Maid Raisins Headquarters&Store 销售中心内设有葡萄干燕麦饼干、枫糖烤苹果、葡萄干面包、西兰花面色拉等经典餐品。还有生活超市和各类水果干供人选择。同时 Fresno 还大力发展旅游度假，吸引更大范围内的旅游度假客和商务休闲客等。Wonder Valley Ranch Resort And Conference Center 度假村位于 Fresno 东部的 30 分钟车程处，到旧金山和洛杉矶约 4 个小时，度假村分为户外运动区、水上运动区、生态度假区、会议接待区、水疗休闲区、野餐区等五大区域为团体、个人提供会议、户外运动、住宿、婚庆等服务。在 Wonder Valley Ranch Resort And Conference Center 度假村还拥有拓展基地、湖滨度假屋、骑马场、温泉 SPA 等丰富的休闲度假设施，还有会议中心、婚庆基地等针对专项人群的优质服务。

在游览线路的设计上，Fresno 设置主题游览线路串联重点项目，使其全年皆有景有活动。如 Fresno Bloom Trail 赏花径，四季均有开放(2～3 月桃花季，8～11 月甘菊花季，8 月底到 10 月初梅花)但最主要的时间是春天的 2～3 月中旬。其节点有 Simonian Farms 农场—Sanger(市民生态公园)—Reedley(托马斯一罗伊德河，古建筑，万圣节公园)—Orange Cove(柏橘园与花)—Clovis(古镇商业)—Kings River(独木舟漂流)。Fresno Fruit Trail 水果时间为 4—9 月，各乡镇一系列水果节、集市。节点有 37 个，类型涵盖了种植园、农场、水果加工厂、餐饮点、度假村，每个乡镇及重点旅游项目均纳入其中。Selma 葡萄干节与嘉年华，设有糕点烘焙比赛和艺术、音乐表演。Kingburg 瑞典节也是其一大亮点，它将瑞典乡村生活再现，涵盖美食、工艺品博览会、娱乐杂技表演、音乐与民间舞蹈、花卉装饰等活动。如马术表演、老车游行、手工艺品比赛展览、民族舞蹈等。

总体特征：

美国市民农园采用农场与社区互助的组织形式，参与市民农园的居民与农园的农民共同分担成本、风险和盈利。

农园尽最大努力为市民提供安全、新鲜、高品质且低于市场零售价格的农产品，市民为农园提供固定的销售渠道，双方互利共赢，在农产品生产与消费之间架起一座连通的桥梁。

设计亮点：

(1)资源导向型的片区发展：产业强者重在生产销售，交通优者重在综合服务，生态佳者重在度假。

(2)休闲农业做足体验性：花果苗木的赏、玩、食趣味性开发及体验性销售。

(3)通过游线、节庆，整合区域内旅游资源：通过赏花品果等主题线路串联重点旅游项目，形成集聚优势，通过丰富的节庆活动提升品牌影响力。

(4)做足体验性，同时把握重点人群需求：针对青少年家庭市场做足农业体验，针对会议人群做强硬件设施与配套娱乐等；另外，通过丰富的节庆活动提升品牌影响力。

六、荷兰羊角村——泛公园田园社区

羊角村位于荷兰东部的上艾瑟尔省的 Dewieden 自然保护区内，羊角村有“绿色威尼斯”之称(也有人称“荷兰威尼斯”)，其最初成型大概是在 12 世纪，地中海附近的逃亡者扎根于此，生活下来。因为这里地下有泥煤资源，所有许多人开始以开采泥煤资源为生，在日积月累地挖掘下，形成一道道沟渠，而且在挖掘煤的过程中还挖掘出越来越多的羊角，据说后来有人鉴定确实是以前在此生存的野生山羊的角，所以羊角村由此而得名(图 2-30)。

土地规划：

1969 年，羊角村各利益主体开始筹备相关事项，1974 年当地的土地开发委员会正式组建，并制定了土地开发规划。在征得 61%的农民和农业土地所有者同意后，该规划在 1979 年正式实施。规划覆盖约 5000ha 的土地，其中 2600ha 集中用作农业生产用地，2400ha 用作自然保护用地。自然保护用地中 900ha 是农户土地，250ha 作为开放水域。几条特定水道可用于旅游休闲，其他水道则对旅游关闭，以保护当地的生态。

图 2-30　荷兰羊角村

基础建设：

规划首先提升当地基础设施，拓宽增加道路，优化交通可达性；新建抽水站，降低农业区域地下水位，提高土地生产效率；调整农场布局，使农户更接近自己的土地，方便农户进行作业；若农户土地被划定为生态保护区，政府则补贴因为农业生产受到限制的补偿金；旅游休闲区被限制在几条水道和两个重要湖泊及邻近的村落中，不会影响其农业发展。土地开发将农业、生态保护、旅游休闲用地分离，实现了地域上的分区化和产业上的专门化。

总体特征：羊角村充分利用了当地的水资源，打造水、田园、特色建筑为一体的空间环境。建筑风格独特，温馨浪漫，漫步步道，各种花卉色彩绚烂，犹如一片童话世界的小森林一般。

设计亮点：荷兰从发展乡村旅游开始，对于原生态的保护就非常好，这一地域属于国家自然保护区，不允许捕鱼甚至放牧，从土地资源的开发，到生态自然的良性循环，甚至私人产权土地的大的改造，都有严格的管理。而当地的人们也习惯于对生态自然的尊重，对于自己家园的爱，习惯也就成了顺其自然的美。

七、日本——都市农业

日本——都市农业:城乡互动的“食”与“绿”的结合

一般而言,日本的休闲农业(又称观光农业)可分为自然景观、高品质农产品和体验型农业三种基本形态,有市民农园、观光果园、观光渔业、自然休养村、观光牧场、森林公园、自助菜园、农业公园等多种类型。日本观光农业主要以城郊互动型的都市农业著称,日本的都市农业主要集中于三大都市圈(东京圈、大阪圈和中京圈)。

日本都市农业形成于19世纪40年代到60年代中期的战后经济高涨期,当时农场主结合生产经营项目的改造,兴建多种观光设施,先后开辟了40多公顷的观光农园。农园内设有动物广场、牧场馆、花圃、自由广场、跑马场、射击场等。这种观光农园主要以日本岩水县小岩井农场为特色,小岩井农场独辟蹊径,用富有诗情画意的田园风光、各具特色的设施和完善周到的服务,吸引了大量的游客,平均每年接待约79万人次,为农场赢得了可观的经济收入。但是由于城市街区土地利用失控,导致农业用地不断被征用。1961年日本政府出台了《农业基本法》,鼓励城市近郊农业由水稻生产向果蔬、园艺等劳动密集型作物栽培转型。1966年日本出台了《日本蔬菜生产上市安定法》,1971年又颁布了《批发市场法》,这两大法规推进了农村地区大规模园艺产品生产基地的建设,在日本国内形成了园艺产品广域流通体制和城市消费的农产品产地远程化体系。日本都市农业主要针对特大国际化都市的局部地区,进行规模化生产。由于这段时期小规模产区被忽视,加之在课税方面的不合理等,许多学者将该时期称为日本都市农业的衰退期。

1990年,日本实施《市民农园整备促进法》,推动50～100平方米的大面积的体验型市民农园面世,规定承租市民与其承租的农园土地之间的距离,原则上在30分钟的车程以内,较大都市可以在一个或一个半小时车程以内,东京可达两个多小时车程的距离;市民农园的农地可以租借,一次租借期以5年为限。这一法案的颁布使得农场主不仅可赚取高额的土地租金和管理费,而且有时还可获得农园的农产品。1995年4月《农山渔村停留型休闲活动的促进办法》规定了“促进农村旅宿型休闲活动功能健全化措施”和“实现农林渔业体验民宿行业健康发展措施”,推动绿色观光体制、景点和设施建设,规定都府县及市町村要制定基本计划,发展休闲旅游经济,国家需协调融资,确保资金的融通,从而规范绿色观光业的发展与经营。同时,随着日本加入WTO,日本通过采取相应激励措施(给予贷款及贴息),小规模的产区得到较快发展,生产手段也逐渐向自动化、设施化、智能化,生产经营管理向网络化发展。

为了缓解城市居民的压力,提高生活质量,振兴农村区域经济,从20世纪70年代左右开始,日本利用城市和乡村相邻的特点,发展“农村观光”(图2-31)。日本政府积极倡导和扶持绿色观光产业;法律法规和财政预算齐头并进,并科学制定绿色观光农业经济发展规划,同时重视民间组织的作用,并且适时对其进行财政支持。在绿色观光旅游产品开发中,日本注重环境保护和当地居民的主体性,尊重农村居民和地方特点,不过度关注经济利益;另外,日本不断拓展绿色观光农业的内涵,在观光农园、民俗农园和教育农园等方面进行创新。

图2-31　日本农村观光

1992年6月,“绿色观光”这一提法首次出现在日本农林水产省的“新的粮食、农业和农村的发展方向”的政策文件中，以观光农业、市民农园和农业公园为主要形式的绿色观光农业产业格局逐渐形成。

典型案例：典型代表是日本大王山葵农场，该农场以黑泽明的电影《梦》的拍摄地点而闻名，这种以农场为依托，以媒体传播为宣传手段也是乡村旅游发展的方向之一。那些为拍电影所建造的水车、小屋等至今还留在菜园里，吸引许多游客专程到此体验电影场景。

日本大王山葵农场，也称大王芥末农场，位于长野县中部的安昙野市(图 2-32)。农场创立于 1917 年，距今整整 100 年，总面积 15 公顷，以种植山葵为主，每年可收获 150 吨的山葵。农场不仅是日本最大规模的山葵园，也是安昙野最知名的观光景点。以种植山葵为主，打造特色活动、山葵特色美食、乡村旅游吸引游客，每年约有 120 万游客来访，通过门票收入、游客农场内购物、餐饮收入、农场内特色农产品售卖收入、影视拍摄租金收入等创造可观的经济价值。

图 2-32 日本大王山葵农场

总体特征：

日本政府积极倡导和扶持绿色观光产业；法律法规和财政预算齐头并进，并科学制定绿色观光农业经济发展规划，同时重视民间组织的作用，并且适时对其进行财政支持。在绿色观光旅游产品开发中，日本注重环境保护和当地居民的主体性，尊重农村居民和地方特点，不过度关注经济利益；另外，日本不断拓展绿色观光农业的内涵，在观光农园、民俗农园和教育农园等方面进行创新。

设计亮点：

（1）宣传手段，通过影视作品来促进发展，提升品牌一直是行之有效的宣传手段。

（2）绿色观光与绿色美食相结合。

八、韩国——周末农场

韩国发展休闲农业的经典形式为“周末农场”和“观光农场”；注重资源整合，海滩、山泉、小溪、瓜果、民俗都成为乡村游的主题；注重创意项目开发，深度挖掘农村的传统文化和民俗历史等并使其商品化；注重政策支持与资金扶持，注重乡村旅游严格管理。

典型案例：韩国江原道大酱村

大酱村位于韩国江原道旌善郡，借助当地原生材料，以韩国传统手工艺制作的养生大酱作为核心体验，融合了大酱的制作工艺、流程展示、原料采摘等体验。

主要特征：独具民俗传统的美食文化体验与养生健康生活相结合。以大酱文化延伸出以大酱拌饭为特色的养生美食、以三千个大酱缸为背景的大提琴演奏会（图 2-33）。以原生村落为基础的个体农庄运营模式，发挥大酱村传统的产业优势，延续传统工艺，鼓励村民参与、节约成本，传承民族文化。以文艺青年为主的怀旧市场、民俗文化爱好者、美食爱好者为主体验树林赤脚漫步，大酱文化等。

设计亮点：

（1）以“奇”为突破口，突出乡土气息。独具品牌的大酱缸演奏会演艺、养生美味的乡村美食体验、历史悠久的民俗文化展示。

（2）周末农场的趣味性：以各种特色趣味体验作为乡村游的主题，吸引以家庭单元的周末游。

（3）注重创意项目开发，深度挖掘农村的传统文化和民俗历史等并使其商品化。

图 2-33　三千个大酱缸为背景的大提琴演奏会

九、总结

日韩等亚洲地区与欧洲地区所做的田园综合体形式又略有不同，欧美地区田园综合体形式大多由农场农园发展的欧美式的休闲农业，而日韩大多以当地特色特产作为卖点吸引游客形成田园综合体。无论是欧洲还是亚洲的他们都是田园综合体的先行者，都对如今的我们有田园综合体提供了很多参考意见。

(一)立法的支持和土地的利用

立法是对乡镇土地的利用起到一个规定和指导，无论是欧洲还是日本政府都会控制乡镇对土地的使用和利用，土地作为田园综合体最宝贵的财富，其创造的绿色财富是无法估量的。而且农业用地是田园综合体的根本是乡镇的文化和旅游业的嫁衣。因此立法控制土地的利用不仅能为成形的田园综合体创造巨大的财富更能易于乡镇的整体规划。

(二)土地的规划

土地的规划是整个田园综合体中最重要的一部分，土地的规划不仅与生活在本地的居民戚戚相关还和未来整个田园综合体的产业结构和生态环境有很大的关系。

（三）循序渐进

从欧洲田园综合体发展规律来看田园综合体不是一蹴而就的，没有前期的规划和保护可能导致无法成为一个田园综合体或者产生不了应有的价值。循序渐进的设计不仅能保证生活在本地的人能得到更加便利的生活，也能保证乡镇的原汁原味。

（四）水域的保护

农业作为乡镇的主要产业，水是很重要的一点，田园综合体作为乡镇发展的产物其根本还是农业，农业灌溉用水最为乡镇的基础，更应该作为重点，而且水作为景观设计中重要的景物对旅游的增值也是很高的，如何保护水质的同时又能产生经济价值是很重要的一点。

（五）环境保护

乡镇作为人类聚集区是最接近自然的地方，也是吸引人们前往的重要原因。羊角村的设计中有很多点提到了环境的保护，如水源的保护，土地的划分等。羊角村作为一个极其成功的案例从中可以看出环境对人们的吸引力。

（六）保存乡镇现有特色和文化根基

在乡镇开发田园综合体要最大限度地保留乡村现有的特色，如建筑特色、街道特色、风俗民情等特色，要传承和保护好文化根基。

（七）现代化基础建设

乡村景观要想留住人，现代化基础建设是非常重要的，现代化的基础建设是人往城市涌入的重要原因之一，要想吸引城市中的人和留住乡镇中的人，现代化基础建设是必不可少的。

从国外的乡村景观打造和各种特色小镇的景观规划设计来看，主要从自然、文化、配套设施、生活氛围等方面，因地制宜地根据自身资源、文化等方面打造。

(1)自然生态环境：森林、田园、河流或湖泊形成了小镇的自然生态大环境。

(2)在历史与文化传统上注重历史、文化的保留和延续。

(3)规划、建筑特色：围合式建筑群落，以小镇广场或者教堂为中心的公共、开放式活动空间，人性化尺度的街道。

(4)配套与社区服务：市政配套与社区配套的互补，功能齐全。

(5)生活形态：小镇的平和、朴实、恬淡宁静形成了和谐、高雅的生活格调。

第四节　国内乡村景观研究现状

一、国内乡村景观规划的发展现状

我国对景观生态学和现代景观规划的广泛重视是在20世纪80年代中期以后。在对城镇化发展所引起的农村生态环境和土地利用问题已有一些不同侧面的研究，在景观生态学方面的应用性研究也有一些基础积累，但在系统性地进行乡村景观规划的理论和方法论方面的研究还有待大力推进。

近年来，新农村随着城市化进程加快面临着前所未有的变化，学者们对如何实现新农村景观的可持续发展、挖掘生态、经济和文化价值以保护新农村景观的特色和完整性等问题表现了高度关注并进行了有组织、系统性的研究。

我国学术界对乡村景观规划的研究源自于1989年召开的第一届景观生态学讨论会。近年来我国在研究新农村景观规划的设计原则、方法和意义等方面取得了很多有价值的成果。

如王云才、王悦与王仰麟等老一辈学者在多年前提出的乡村景观规划的原则和方法以及相关学者相对应景观规划的实际案例研究；在乡村景观规划设计的理论与方法的研究上，陈威先生的“AVC”理论（目前，我国乡村景观规划缺乏完善的法律、法规体系，乡村景观规划只能通过村镇规划体现，国内对乡村景观不同的学科领域研究也是属于探索阶段。AVC作为景观评价理论的概念是2002年开始由刘滨谊提出的，主要在于旅游风景区的研究；陈威首次将AVC理论引入到乡村景观规划领域；乡村景观规划领域的AVC理论：以社会、经济、环境为乡村景观规划“三力”的基础研究）、王云才先生的旅游规划设计理论、赵辉先生的村域景观资源利用等都在新农村景观这一课题的研究中提供了宝贵的资料。《中华人民共和国城乡规划法》的出台，多方面完善了乡村建设的法律依据，确立了乡村的地位，为乡村景观规划的实施提供了强有力的保障。

二、我国乡村景观规划的发展前景和重点

目前世界上有超过一半的人口居住在城市，有65个城市的人口超过了100万，其中25个在亚洲，19个在欧洲，12个在北美，5个在南美，还有4个在非洲。中国13.5亿人口的51.3%如今居住在城市，其中在城市寻找工作的农村人口占了重要的比例，预计到2020年将再有1亿农民移居城市。这种从乡村到城市的迁移，世界各地都在发生。乡村劳动力的流失，土地作业技能和知识的失传，成为当今乡村景观保护的重要议题。我国的小城镇化发展对农业景观特别是传统乡村景观的冲击和破坏，是城市化过程中客观存在的问题。我国自20世纪80年代后期以来，由于经济超常发展和小城镇的不断涌现所带来的一系列农村生态环境问题已证明了这一点。然而，与城市化发展较早的发达国家相比较，中国在这一领域的系统性研究是相对落后的，因此选择像东部沿海经济超速发展的一些地区进行农业或乡村景观规划及其可持续发展模式问题的研究探讨显得非常必要。

三、乡村景观规划的发展必要性

中国是一个有着悠长历史的农业大国，全国范围内乡村面积广阔，经历时光的变迁孕育了许多蕴含着浓厚文化内涵的乡村景观。随着时代的进步，农村向城市转变的进程加快。原有蕴含深厚文化底蕴的乡村景观，渐渐被新兴城市吞噬，乡村景观受到巨大威胁，对整个乡村的自然环境和人文资源造成了严重的影响。随着国家提出新农村建设战略决策，开始重视保护历史乡村景观，合理规划利用土地资源，合理开发自然资源，实现可持续发展。因此对自然乡村景观生态规划进入深刻的探讨与研究具有理论与现实双重意义。

四、乡村景观规划中存在的问题

乡村景观，主要通过农家乐的形式为人们所认识。以农村地区为特色，以农民为经营主体。主要以现有农田果园及人工林地农地目的水域，以村庄等生态系统及农家土特产为吸引点。随着人们生活水平的提高和闲暇时间的增多，可预见旅游业的纯粹观光功能将趋于弱化，度假休闲体验的功能将逐步呈现。具有地方环境特色和历史文脉的一些农村地区将以农家乐的形式发挥休闲度假的功能越发凸显。

一是用地类型混乱景观破碎化。大量的人工景观要素出现在城乡交错带，由于近年来城市的盲目扩张和农业产业局部的不合理性，农村居民点与工矿用地各自分散经营，导致自然与半自然景观较为破碎。

二是盲目规划城市农村用地混杂。由于长期缺乏规划与管理城乡交接带的经验。出于自发无序状态，农村与城市用地交错功能混合。城市道路与农村道路相接，农村人口、城市人口和外来人口混居，农业与二三产业共存。

三是自然环境被破坏，生态效应低下。由于农村景观常常是城乡规划的盲区，整体上看各种人工景观散乱无序地镶嵌在自然环境中，破坏了自然景观的整体性和生态系统的稳定。乡村景观规划所要解决的首要问题是如何既能保证人口承载力又能保护生态环境。

四是照搬模仿，多缺乏乡村特色。目前的景观规划设计，在形象问题上照搬模仿，难以做到个性鲜明。无法找到回味意境高远，意味深长的作品，不少设计仍然僵化地局限于西方传统园林的模式，照搬照抄。而对于乡村景观的规划盲区就更谈不上地域特征和较好的景观形象，乡村景观地带总体地域景观特征不明显，各景观单元变化快，甚至完全转化成其他景观类型。由于城市扩张和城市开发进程的影响，使得自然景观和历史遗迹也遭到一定程度的破坏。

五是规划水平较低。研究表明，全国完成制定乡村总体规划的村庄超过了60%，但是相比国外乡村景观规划来看，规划水平较低。新农村的总体布局模式上形式单一，甚至模仿城市居住区的布局模式等使得新农村缺乏乡村应有的生活氛围和特征。

六是缺乏合理的规范。国外对乡村景观的规划研究已经形成了自上而下的意识形态，多国已经制定了相关的规范，乡村居民的规划和保护意识达到了一定的高度。我国乡村居民观念上的不规范导致对乡村景观规划发展混乱和低层次，虽然很多地方都打着绿色生态村等各色生态旗帜，形成了一定的意识，但是自行拆旧建新，毫无设计可言的混凝土平顶依旧随意而行，简简单单地把景观规划理解为绿化种植，缺乏合理的布局。

七是生态环境遭到破坏。居民对环境资源的无节制的胡乱开发利用来促进经济增长所带来的不同程度的破坏使乡村生态环境变得千疮百孔。传统农业生态系统遭到前所未有的挑战，新的促进经济增长手段的使用使得自然生态环境受到严重污染。

除此之外，对自然景观和人文景观的保护力度也明显不够，国家政策和乡村居民的意识对乡村景观的理解和开发还存在着一定的局限性。

五、乡村景观发展对策研究

（一）加强理论研究

结合乡村景观的发展现状和特点，从不同的角度进行该领域的理论研究，给不同类型的乡村景观以准确的定位，探索我国乡村景观保护与规划的理论与方法，为乡村景观的保护与规划实践提供科学的理论依据和技术支持。

（二）借鉴先进经验

人们需要在乡村社会找到在城市社会所难以找到的个性化，归属感，空间。这就要求在进行可持续发展的村落里要有规划性设计，采取生态学的方式去考察社区、改进社区、研究社区与其背景的关系；尽可能强化地方社区与其独立和综合的功能；维护地方的社会资本等基本原则；根据各方面积极参加与社区可持续发展的规划设计是每个人都能起维护作用。

（三）制定相关景观的法规和政策

目前我国实行村镇规划的一套规范。现在技术标准体系设计中，乡村景观层面的内容非常有限，对乡村景观的研究还处于刚起步阶段。规划建设中出现的问题属正常现象。

（四）规划先行统筹城乡发展应按照规划先行的原则

统筹城乡发展，规划要尊重自然，尊重历史传统，根据经济社会文化生态等方面的要求进行编制。规划的内容要体现因地制宜的原则，延续原有的乡村特色，保护整体景观体现景观生态。景观资源化和景观美学原则，突出重点景观，时序适当超前。

（五）注意掌握乡村景观规划的步调

乡村景观是历史过程中不同文化时期人类对于自然环境干

扰的记录，反映现阶段人类对环境的干扰，是人类景观中最具历史意义的遗产。从地域范围来看，乡村景观泛指城市景观以外的具有人类聚落及其相关行为的景观空间；从构成要素看，乡村景观是乡村聚落景观、经济景观、文化景观和自然景观构成的景观环境综合体；从特征看，乡村景观是人文景观与自然景观的复合体，具有深远性和宽广性。因此乡村景观建设是一个长期的过程。

六、我国国情与乡村景观规划

现阶段我国农业的国情是耕地面积占国土面积的14%，荒地面积占11%，荒地中的宜农荒地有33%。随着科技发展，年轻人都认为在城市打拼才能提高收入，种地一辈子都发不了财，纷纷离开农村。在农村耕地的都是老年人，农村地越来越没人耕种。民以食为天，中国是人口大国，人人离不开粮食。如何吸引更多年轻人回家乡发展，成为解决“城市病”、乡村“空心化”的重要问题。

由此有学者提出了农村景观规划，不仅提高粮食产量，还能带动旅游业发展，让更多年轻人回家乡创业。农村景观规划可以发展乡村旅游，利用农业，拓宽农业功能，促进农民多样就业，延长农业产业链，增加农民收入。发展乡村旅游还可以使农村自然资源、人文资源增加价值。同时农产品也可以就地消费，降低了农民的运输成本，促进农民收入，实现生活宽裕的目标。发展乡村旅游还能保护乡村生态环境，传承乡村本土文化，还有利于建设小康生活。

七、美丽乡村的提出

目前，我国城乡发展不均衡，为了改善这种局面，政府提出了“新型城镇化”和“美丽乡村”的概念。由于我国乡村建设本身存在复杂性，加之新型城镇化背景下，对乡村建设提出了更高的要求，使乡村规划难度更大；美丽乡村规划与建设模式的应运而生，极大程度上改善了乡村的生活环境，但在推广与规划设计方面仍存在一些不足，就此引发了笔者的思考。

（一）美丽乡村的内涵

美丽乡村的建设主要包括两个方面的内涵：①产业发展、农民富裕和社会的和谐；②要保证生态良好、环境优美、布局合理和设施的完善。同时还要关注美丽乡村的规划先行，合理科学布局、提升乡村景观、丰富文化生活、提升村民素质，实现乡村文明和村容整洁生态文明问题。美丽乡村既体现在生态方面又体现在社会方面。新型城镇化与美丽乡村建设相辅相成，密切关联，美丽乡村建设能够在一定程度上改变农村社会的发展面貌，提升乡村文明的内涵，从根本上消除城乡二元化的差距。一方面城镇化水平高的地区周边更容易开展美丽乡村的建设，另一方面美丽乡村的建设可也在一定程度上促进地区城镇化水平的提高，为新型城镇化进程的加速提供必要的准备。

（二）美丽乡村建设存在的问题

1. 政府干预失准，偏离基层实际需求

美丽乡村建设，离不开政府的大力支持。美丽乡村建设以政府主导是对的，然而政府过度或不切实际的干预，偏离基层实际需求，很大程度上影响了美丽乡村的健康发展。在建设过程中，不少地方，政府唱独角戏，采取传统的行政动员方法，群众参与度不高，导致其积极性、主动性不能得到很好的发挥。有的地方，为迎合领导意思，浮躁急进，仓促开工，导致一些工程项目质量不高，造成较为严重的资源浪费。为限时完成任务，大拆大建、违法强拆，造成恶劣的社会影响，甚至不少具有文物价值的房屋也被拆除，造成不可挽回的损失。

2. 传统的村庄规划设计不科学

部分乡村生搬硬套城市建设的经验，将村庄规划成“住宅集中布置，住宅形态整齐划一，道路横平竖直，并配有宽敞的广场及公园”，将乡村规划成有现代气息的小城市，完全不考虑乡村原有的形态特征及地形地貌。有时为了满足规划布局的要求，甚至推山填湖，大肆破坏了原有的地形特征。生态和谐是建设“美丽乡村”的基本原则，而这种规划方案除了要消耗大量的人力、物力之外，与美丽乡村的建设基本原则背道而驰，规划者仅从自身设计角度出发，未将规划设计融入乡村现状，空洞模仿了城市建设的表皮，却不能有效实现美丽乡村建设。

（三）美丽乡村规划建设措施

1. 根据原有地貌，设计整体布局

在美丽乡村规划设计的过程中，村庄的整体空间布局，需要参考乡村原有的地貌地理，也需要考虑村庄现在的居住分布。充分利用山川河流、绿化植被、农作产物等乡村固有特征，结合乡村风土人情等意象要素，将可利用的景观要素融入乡村的规划设计中，打破固有的整齐划一的布局思维，设计出符合本地地貌特征的布局方式。现在，许多乡村利用自身的优势打造美丽乡村，有的利用良好的生态环境打造生态村，有的利用悠久的历史古镇打造历史古村，还有的则利用自身的田园风光打造田园村，这些美丽乡村无不是在规划设计时就考虑利用原有风貌或建筑，营造了特色乡村景观风光，进一步向美丽乡村的目标靠拢。

2. 明晰主要矛盾，设定发展思路

推动美丽乡村建设稳步发展，需要建设主体对美丽乡村建设过程中的主要矛盾及问题进行系统梳理分析，寻因定策。故而，在推进过程中，要成立专门的研究团队，仔细梳理，深入分析，以确定某特定时期内美丽乡村建设的阶段性特征、主要矛盾及矛盾的主要方面，综合分析造成该矛盾的主要内因、外因，并以此为基础，查漏补缺，突出重点，循序渐进，科学设定发展原则、推进思路、重点任务、支撑工程及行动计划等，着力推动美丽乡村建设稳步发展。

美丽乡村建设是我国新农村建设的一个新阶段，是新农村建设的一个提升阶段，是各级政府现在都比较关注的一个关键问题所在。美丽乡村建设是新型城镇化建设的基础，新型城镇化建设最终目的是实现城乡一体化，而美丽乡村的建设是重要的基石，美丽乡村的建设任重而道远，美丽乡村建设需要各方面的积极配合。在美丽乡村建设的过程中要充分尊重生态文明，树立尊重自然、顺应自然、保护自然的文明理念，从而更好地建设“美丽中国”。

第五节 国内乡村景观案例分析

特色小镇作为乡村景观的主要形式，其设计指的是以农村村镇为载体，通过街道、建筑、植物、灯具等设施的合理搭配，以及工业区、商业区、住宅区、文化区和自然生态区等功能区的合理布局，呈现小镇的乡村风光，唤醒小镇的历史文化、风俗民情等记忆。而“美丽乡村”建设，旨在进一步加强农村生态建设、环境保护和综合整治工作。在我国，美丽乡村建设和特色小镇建设是乡村景观的主要表现形式，国家对此十分重视，出台了很多鼓励与扶持政策，美丽乡村和特色小镇建设是发展休闲农业与乡村旅游产业的一个重要内容。

一、梧州市苍梧县六堡镇

六堡镇位于广西壮族自治区苍梧县西部（图 2-34），东邻梨埠镇，南与夏郢镇、旺甫镇接壤，西连狮寨镇，北与贺州市平桂区水口镇交界。交通便利，距离县城石桥镇 43 千米。经济发展方面，除了种植业外，还大力发展茶叶产业等。六堡镇以种植面积 3000 亩的生态茶叶公园为依托，形成以展示茶文化为主线的茶产业景观特色小镇。

图 2-34 广西壮族自治区苍梧县六堡镇

（一）“两心”

强化“双中心”的产业联系，增强产业整体发展的内生动力，打造“双中心”升级版，提高空间经济产能密度，促进六堡茶产业发展潜能的迸发，将梧州市建设成为“岭南茶城”、六堡镇为“岭南茗镇”。

1. 梧州六堡茶产业发展集聚中心

在现有梧州市区“首位度聚集”中心的基础上，优化提升，加快发展，通过茶产业、茶文化等的建设，丰富市民茶生活，推动产城融合发展，走出一条产业与新型城镇化发展新路。

2. 六堡镇六堡茶产业原产地集聚中心

在现有业态的基础上，强化农业示范区示范引领作用，在传统再造、技术创造等方面取得突破；以茶旅康养一体化为亮点，吸引更多新业态；加强基础设施建设，对六堡镇的原产地文化功能、产业功能进行区分（表 2-1），吸引产业按功能聚集，发展功能完善、空间合理、生活惬意的原产地一体化中心，打造宜居、宜业、宜游的区域性国际产业名镇，努力建设成为国家级特色小镇。

表 2-1　六堡茶产业“双中心”建设项目简表

<table>
<tr><th>中心建设</th><th>项目名称</th><th>基本内容</th></tr>
<tr><td rowspan="2">梧州六堡茶产业发展集聚中心</td><td rowspan="2">岭南茶城项目</td><td>升级建设一院两园两茶城
一院：梧州六堡茶研究院
两园：万秀区六堡茶集中加工区、苍梧六堡茶产业化集中加工区
两茶城：丽港茶城、毅德茶城</td></tr>
<tr><td>选址新建一街三馆三中心
一街：六堡茶商贸文化街
三馆：梧州六堡茶博物馆、(梧州茶厂)六堡茶“都市茶园”体验馆、市民早茶馆
三中心：六堡茶交易中心、六堡茶文化国际交流中心、“岭南茶仓”仓储物流中心</td></tr>
<tr><td>六堡镇六堡茶产业发展原产地集聚中心</td><td>岭南茗镇项目</td><td>续建苍梧县六堡茶生态文化旅游现代特色农业(核心)示范区项目，规划建设六堡镇新区项目、茶船古道项目、原产地茶园文化旅游养生项目</td></tr>
</table>

(二)“三轴(廊道)”

发展三轴廊道(表 2-2)，提升产业发展效率和空间效率，重点在于加强基础设施建设和文化设施建设，以及提升相关服务水平。

1. 双中心茶产业联动发展廊道

加强双中心的联动发展，加强基础设施建设，强化优势互补、协调发展。激励和引导市区的加工企业与六堡镇的种植基地建立紧密的产业联系，将产业链延伸至六堡镇，以“企业＋合作社＋农户”等合作模式创新企业商业模式。六堡镇等种植基地做好产业“第一车间”和擦亮生态原产地地理品牌，实现品牌价值、经济效益和社会效益。

表 2-2 六堡茶产业“三轴(廊道)”建设项目

轴线建设	重点项目
双中心茶产业联动发展廊道	通往六堡镇三级道路等级提升工程 沿线茶园规划建设
六堡茶历史文化发展廊道	茶船古道项目策划、规划设计(与沿线城市共建共享),“茶船古道”文化遗产联合申报项目(与沿线城市共同开展) 重走茶船古道系列活动及宣传报道
六堡茶国际商贸文化通道	“海丝茶韵六堡传奇”项目(包括中国—东盟博览会展览展示活动、东盟国家茶文化交流活动等) “丝路茶香六堡传奇”项目(包括六堡茶新疆行、六堡茶渝新欧之旅等) 六堡茶文化外交官联谊会项目,推动“茶船古道东盟行”“茶船古道欧洲行”“茶船古道非洲行”“梧州六堡东盟行”等国际合作项目

2. 六堡茶历史文化发展廊道

挖掘梧州六堡茶的历史文化,建设“茶船古道”项目,丰富项目内容和历史文化内涵,加强文化基础设施建设,加强“茶船古道”宣传力度。以“茶船古道”项目建设和宣传为契机,加强与沿线省份、城市以及国家的茶文化交流和茶业贸易,以历史文化为媒,加深多层次的交流合作,配合梧州东向发展战略。

3. 六堡茶国际商贸文化通道

依托“一带一路”、珠江—西江经济带、粤桂黔高铁线、滇桂高铁线的优势叠加,加强梧州六堡茶国际商贸文化通道建设,做优六堡茶区域性国际名茶品牌,促进六堡茶贸易发展。鼓励和支持茶企开拓“一带一路”市场,研究制定支持政策,组织企业参加相关展会,引导和辅导企业开展清真认证,助力六堡茶产业发展“一带一路”特色产业。

（三）“多片区”

基于目前六堡茶产业圈层的模式，根据《梧州市国民经济和社会发展第十三个五年规划纲要》对城镇重点开发总体要求，以行政区划（中心城区包括万秀区、长洲区、龙圩区，苍梧县，藤县，蒙山县，岑溪市）为基础，形成六堡茶产业梧州全域发展的多个发展片区（图 2-35），在每个片区发展多个组团。

规划结构：两心三轴（廊道）多片区

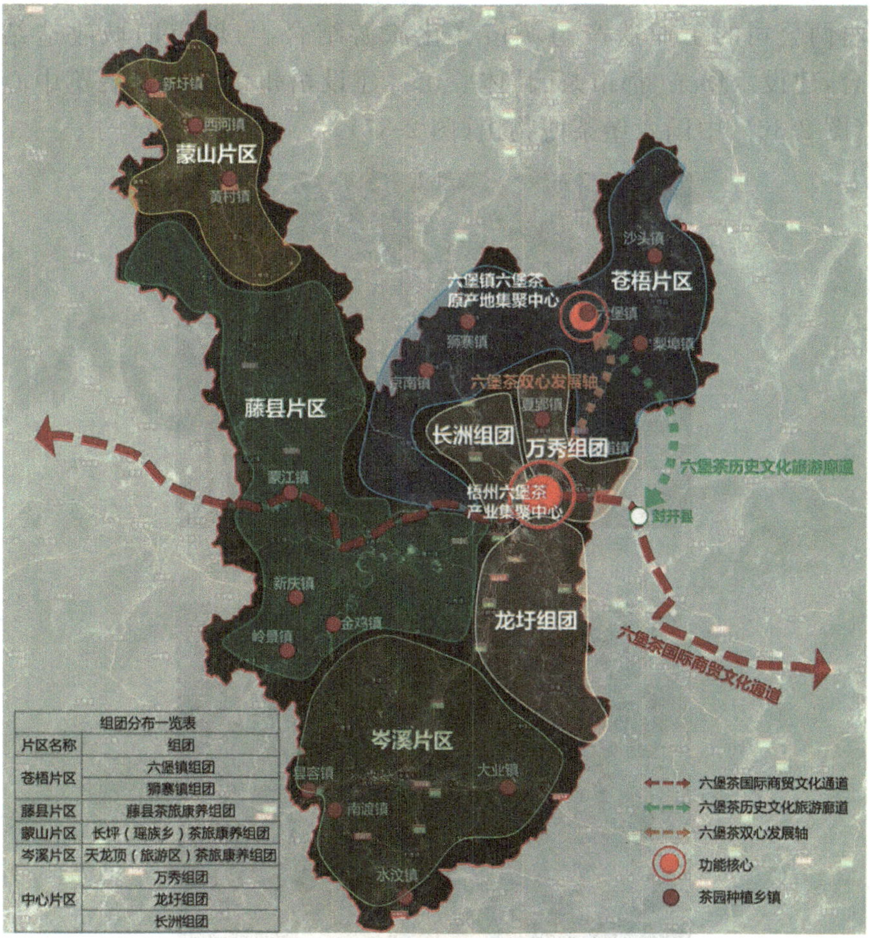

图 2-35　六堡镇多片区规划结构图

1. 中心片区

——万秀片区。基于现有的加工园区,引导更多企业进入园区,推动六堡茶产业集聚化、规模化发展,实现规范化管理。提升丽港茶城,在现有功能基础上,进一步发挥和完善“互联网+”以及文化创意产业的作用,发展茶叶新兴业态。发挥辖区内历史文化遗存丰富的优势,推动“六堡茶+”产业的发展,形成禅茶体验、市民早茶生活等,丰富六堡茶文化,将城市发展与六堡茶结合,形成城市文化新亮点。重点做好梧州茶厂和中茶公司的发展工作,将两公司的工业遗产与城市文化旅游结合,与城市旧城改造结合,建设六堡茶“都市茶园”体验馆。建设梧州六堡镇茶展览中心(图 2-36),中国六堡茶博物馆(图 2-37)。

图 2-36 六堡镇茶展览中心

图 2-37 中国六堡茶博物馆

——龙圩片区。增加六堡茶种植面积。加强和完善加工区基础设施建设，引导更多企业进入园区，实现规范化管理。在苍海新区布局建设六堡茶文化博览园，用于展示六堡茶的历史文化，以与企业共建的形式打造具有观赏性、学术性和体验性的六堡茶文化博览园，在苍海及博览园周边规划布局茶文化休闲中心、茶产品研发中心、茶产品展示中心、茶园观景区（图 2-38）、茶业历史文化商业街区等（图 2-39）。

图 2-38 茶园观景区

图 2-39 茶业历史文化商业街区

——长洲片区。增加六堡茶种植面积（图 2-40）。建设毅德城，逐渐建立和完善六堡茶专业商贸物流，发展茶叶新兴业态，打造各种茶叶新产品（图 2-41）。

图 2-40　六堡茶种植

图 2-41　六堡茶新产品

2. 苍梧片区

苍梧县打造六堡茶特色产业示范县。强化茶旅结合的产业规划，依托六堡茶农业特色（核心）示范区建设，全力打造六堡茶生态旅游区，重点抓好茶文化主题休闲旅游项目的设计与开发，完善项目基础设施和配套设施，以茶园山水为特色（图 2-42），以绿色生态为理念（图 2-43），融文化探源（图 2-44）、技术研发、旅游体验（图 2-45）、休闲娱乐、商业贸易为一体的综合性的主题文化生态旅游区，打造六堡茶特色小镇。

3. 藤县片区

将发展茶产业与藤县的传统文化底蕴以及其他文旅产业资

源结合起来，做好两者之间共同文化亮点的挖掘和产业化发展工作，加强文化产业和茶产业的深度结合，加强基础设施建设、强化综合服务体系建设，逐步发展壮大藤县的茶产业、茶文化和茶旅康养一体化，开发六堡茶与陶瓷创意产品。

图 2-42 六堡镇茶园山水

图 2-43 六堡镇绿色生态的茶园景观

图 2-44 六堡镇少数民族文化体验

图 2-45 六堡镇旅游采茶体验

4. 蒙山片区

依托国家重点生态功能区建设，复垦茶园、开发新茶园景观（图 2-46），以茶园发展进一步促进蒙山绿色发展。将发展茶产业与蒙山长寿和健康养生产业以及其他文旅产业资源结合起来，加强长寿产业、健康养生产业、文化产业和茶产业的深度结合，同时，考虑蒙山与大桂林旅游文化圈靠近的地缘优势、与昭平茶产业基地相邻的业缘优势，统筹规划，合作共赢；加强基础设施建设、强化综合服务体系建设，逐步发展壮大蒙山县的茶产业、茶文化和茶旅康养一体化。

图 2-46 六堡镇新茶园景观

5. 岑溪片区

保护古茶树资源（图 2-47），建设古茶树保护研究基地（图 2-48）。

引导农民复垦和新建茶园，在茶园达到一定面积后，引导和扶持建设初制加工厂。将发展茶产业与岑溪市的商贸文化以及其他文旅产业资源结合起来，将茶与岑溪特色产业、特色产品结合起来，结合岑溪建设粤港澳后花园定位，推动茶旅康养一体化发展。

图 2-47 六堡镇古茶树

图 2-48 古茶树保护研究基地

表 2-3 六堡茶产业多片区(组团)

片区	组团项目	功能定位
苍梧片区	狮寨—六堡—爽岛组团	六堡镇建设：六堡镇新区（新型城镇化建设和文化旅游）、自治区级现代农业示范区、多个种植基地和良种繁育基地 狮寨镇建设：市级现代六堡茶专业示范镇、种植基地
藤县片区	藤县茶旅康养组团	茶旅文创一体化

续表

片区	组团项目	功能定位
蒙山片区	长坪(瑶族乡)茶旅康养组团	茶旅康养一体化
岑溪片区	天龙顶(旅游区)茶旅康养组团	森林茶旅一体化
万秀片区	丽港茶城 六堡茶加工区 六堡茶国际文化交流中心 梧州六堡茶禅茶康养体验中心	茶叶批发市场、商贸物理、文化创意 六堡茶加工和工艺展示、工业旅游 展览展示中心 六堡茶结合四恩寺、天竺寺等佛教文化
长洲片区	毅德城	茶叶批发、商贸物流

设计亮点:六堡镇特色小镇的规划设计从街景、园林设计等方面考虑融入六堡茶元素,充分挖掘六堡茶的文化特性,同时把六堡茶文化与骑楼文化、岭南文化进行有机地融合,起到相得益彰、交互促进的效果。注重在苍梧新县城建设中融入六堡茶元素,将整个苍梧新县城建设成为具有鲜明旅游功能的,与产业发展充分结合的生态新城镇。

二、日照渔村民俗风情休闲旅游特色小镇

(一)项目概况

项目位于山东省日照市东港区(图 2-49)。日照位于黄海之滨、山东半岛东南侧翼,东隔黄海与日本、韩国相望,西靠临沂,北连青岛、潍坊,南接江苏省连云港,是山东半岛城市群、山东半岛蓝色经济区的重要组成部分,被誉为“水上运动之都”与“东方太阳城”,项目总用地面积 5000 亩,总投资 25 亿元。

(二)项目优势

1. 战略优势

山东日照位于“一带一路”海上战略支点之一的环渤海地区。

在《丝绸之路经济带和21世纪海上丝绸之路建设战略规划》中，山东日照被正式列为“一带一路”新亚欧大陆桥经济走廊主要节点城市。

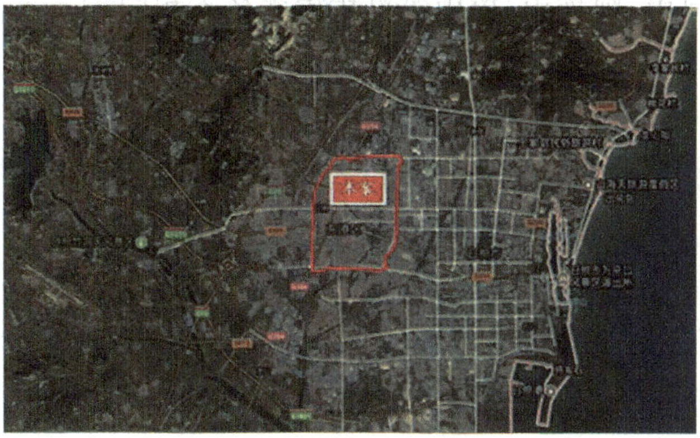

图2-49 日照渔村民俗风情休闲旅游特色小镇项目位区位图

2. 区位优势

山东日照素有“两港通四海、一桥系亚欧”之美誉。东临太平洋，与韩、日一衣带水，是泛黄海经济圈和环太平洋经济圈的重要港口城市；西依大陆桥，是鲁南经济带唯一出海口和广大中西部地区、中亚国家便捷的出海口；南接我国经济最发达的长江三角洲和我国东南沿海发达城市；北达国家重点布局的京津冀都市圈和山东半岛城市群。

3. 产业优势

日照依托良好的港口功能和疏运优势，临港产业蓬勃发展，钢铁、石化、汽车及装备制造、浆纸印刷包装、粮油食品加工等千亿级、五百亿级、百亿级临港产业集群加速形成。

4. 文化优势

项目自然条件优越，依山傍海，历史文化积淀丰厚，具有丰富的自然景观和人文资源。境内陵阳河遗址发掘的原始陶文早于甲骨文一千多年(图 2-50),是我国文字的始祖。龙山文化的典型代表两城遗址被誉为“亚洲最早的城市”。北部和西部拥有独特的自然风光,赋予了山峰的钟灵毓秀,五莲山、九仙山(图 2-51)、浮来山、河山、阿掖山、磴山等挺拔俊秀各不相同。

图 2-50 原始陶文砖

图 2-51 九仙山

5. 旅游资源优势

日照市是中国唯一拥有“3S”全面优势的海滨旅游城市,以“蓝天、碧海、金沙滩”闻名于世,优良的滨海旅游资源是日照最重要的战略资源,也是全市人民引以为豪的城市品牌。作为新兴的滨海旅游城市,日照市风景秀丽,气候宜人,60 多千米的金色沙滩与极其清澈的海水(图 2-52)、沙细、滩平,有“中国第一金滩”的美誉(图 2-53)。

图 2-52　金色沙滩与清澈的海水

图 2-53　日照中国第一金滩

（三）项目定位

项目以渔村民俗为基底，以滨海休闲与社区服务为特色，形成休闲与服务兼顾、游客与居民兼顾、旅游与城市相生、民俗与时尚相生，打造集渔村博览、文化体验、休闲娱乐于一体的民俗风情特色小镇。

（四）功能分区

项目依据基地条件，划分为三大功能区：渔村博览区“渔风”（图 2-54），文化体验区，港城休闲区“海韵”（图 2-55）。

图 2-54　渔村博览区“渔风”

图 2-55　港城休闲区“海韵”

（五）项目规划

渔风——渔村博览区

1. 海草屋聚落

海草屋聚落缘起于日照渔村特色民居——“海草屋”（图 2-56），以本土传统民居为基底，融合现代时尚元素，打造多元草屋风格，形成博览、体验、住宿等功能的露天草屋民居“博物馆”。具体项目包括：“海草屋”创意客栈（图 2-57）、“海草屋”主题酒店（图 2-58）、“海草屋”风情民居。

2. 渔家食肆

渔家食肆以传统渔家饮食为特色，让游客在享受美食的同时深度体验渔家传统饮食风俗。项目包括渔家小食（图 2-57）、民间渔家菜等(图 2-58)。

图 2-56　日照渔村特色民居——海草屋

图 2-57　海草屋创意客栈

图 2-58　海草屋主题酒店

图 2-59　渔家小食

图 2-60　民间渔家菜

3. 渔家文化博览园

渔家文化博览园以日照渔家民俗文化为主题，将民俗文化活态化，提供渔家民俗文化的展示与体验(图 2-61)。项目包括渔家号子露天剧场、私家珍品博物馆、船艺作坊(图 2-62)、盐趣作坊、渔网作坊(图 2-63)。

图 2-61　渔家民俗文化的展示与体验

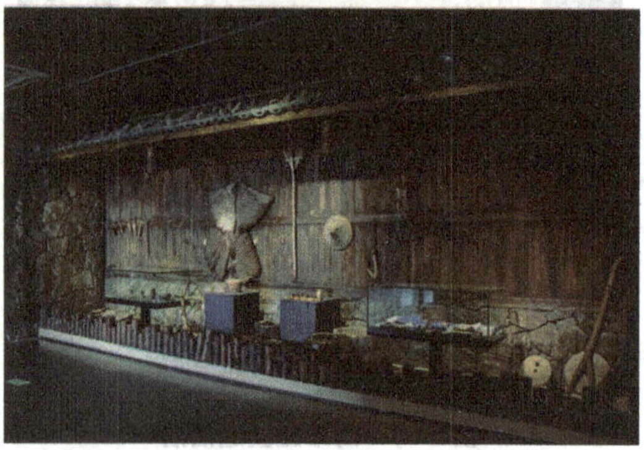

图 2-62　船艺作坊

图 2-63 渔网作坊

4. 四季生态社区

四季生态社区通过打造生态宜居型社区，营造“旅游在社区，居住在景区”的生活体验氛围，项目包括回迁社区、行政办公中心等。

画意——文化体验区

1. 海天艺术公社

海天艺术公社为民间渔民艺术家提供艺术创作与交流的空间，为绘画艺术爱好者提供研习、培训的场所，形成综合性的艺术展示、创作和收藏的场所。项目包括渔民画学堂、渔民画廊和渔民画艺术家工作室等。

2. 艺尚休闲坊

艺尚休闲坊将民间传统艺术与现代时尚元素相融合，形成以传统艺术为主体，兼具复合功能的现代时尚休闲街区。项目包括陶艺工坊、皮影戏茶馆(图 2-64)、彩绘咖啡吧(图 2-65)、船坞酒吧(图 2-66)。

图 2-64　皮影戏茶馆

图 2-65　彩绘咖啡吧

图 2-66　船坞酒吧

3. 艺术雕塑公园

艺术雕塑公园通过邀请园艺家、雕塑艺术家等进行创作，形成各种艺术景观(图 2-67),以服务于休闲游客及周边社区的公共开放空间(图 2-68)。

图 2-67 园林景观之鲸鱼

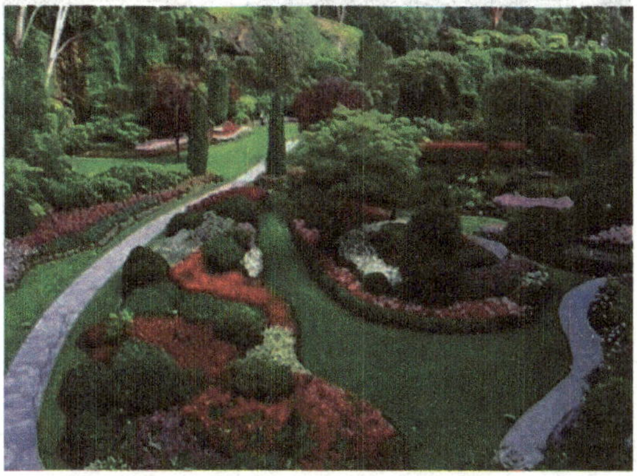

图 2-68 园林景观之缤纷花园

4. 涂鸦艺术广场

涂鸦艺术广场通过邀请渔民画艺术家、学生、儿童等绘画爱好者,定期举办涂鸦艺术大赛,并为其提供作品展示的场所。项目内容包括彩绘渔网主题雕塑、涂鸦墙(图 2-69)、光影地景大道(图 2-70)。

图 2-69　涂鸦墙

图 2-70　光影地景大道

海韵——港城休闲区

1. 海味饕餮城

海味饕餮城是在现有渔家餐馆的基础上，充分利用原有市场的影响力打造成为项目地区规模最大、最具渔家特色、最适合家庭消费的海鲜餐饮休闲中心。项目包括渔宴长廊、环球海味馆（图 2-71）、乔家渔市（图 2-72）等。

2. 港城休闲生活中心

港城休闲生活中心是以休闲类业态为主，突破以购物为主的传统商业中心模式，形成新兴的休闲项目。项目内容包括海洋之风购物广场、儿童食尚乐园（图 2-73）、时尚美食广场、屋顶音乐花园(图 2-74)。

图 2-71 环球海味馆

图 2-72 乔家渔市

图 2-73 儿童食尚乐园

图 2-74　屋顶音乐花园

3. 婚纱摄影集市

婚纱摄影集市通过充分利用周边滨海婚纱摄影市场，为新婚夫妇提供婚庆主题活动以及各种服装、饰品等购物服务，同时也为参加婚纱摄影的人们提供休息场所（图 2-75）。项目包括海饰品商铺、婚庆主题商铺和婚纱摄影休息站（图 2-76）等。

图 2-75　婚纱摄影集市的婚纱照服务

4. 亲子主题酒店

亲子主题酒店是以家庭单元和亲子活动为主题的三星级酒店。项目包括家庭亲子度假酒店，各种亲子活动等（图 2-77）。

图 2-76　婚纱摄影集休息站

图 2-77　亲子主题酒店的亲子活动

（六）四季节事活动策划

项目通过在不同的季节设置不同的节事活动以吸引客流量，扩大项目影响力，带来持续盈利，项目节事活动包括海洋音乐节（图 2-78）、海味狂欢节（图 2-79）、中秋购物节、渔民画艺术节（图 2-80）等。

图 2-78　海洋音乐节

图 2-79　海味狂欢节

图 2-80　渔民画艺术节

(七)设计亮点

项目以渔家乡土人情为风貌，倡导时尚、健康的生活方式，改造单一结构的渔业，打造宜居、宜业、宜游、宜养的全新渔业和滨海旅游新基地，同时项目以渔村民俗为基底，融入现代渔业的多元化发展，与滨海原生态自然风光相融合，共同打造以观光、休闲为主的全新现代渔港小镇。

三、温塘西柏坡温泉养生休闲度假特色小镇

(一)项目概况

项目位于河北省平山县温塘镇东部(图 2-81)，毗邻著名红色

革命圣地——西柏坡镇。“大西柏坡”的建设，为项目提供了良好的开发环境和周边关系，尤其是与其他温泉旅游项目和红色旅游项目，共同打造温泉旅游集群、促进柏坡旅游发展、提升区域经济价值等。项目总占地面积 2675 亩，总建筑面积 54 万平方米，总投资 25 亿元。

图 2-81 温塘西柏坡温泉养生休闲度假特色小镇鸟瞰图

（二）产业背景

1. 国际温泉产业

国际温泉旅游产业在地理空间上形成“欧洲、亚洲和北美”三大板块的分布格局，同时形成了欧美水疗 SPA 文化（图 2-82）和日本汤治文化两种主流温泉文化（图 2-83）。欧美水疗 SPA 文化是以医学科学为基础、以德国水疗为代表的温泉水疗和传统温泉疗养文化逐步发展形成，同时又融入了现代时尚的休闲文化，关注温泉的疗效，重视温泉的健康疗养作用（图 2-84）；而日本的汤治文化是日本人对温泉（汤）对人体疾患的治疗作用的信仰和沐浴方法的总和，是一种融合世界各地先进温泉文化，不断创新和发展的温泉文化体系。

2. 国内温泉产业

中国是世界上温泉地热资源最丰富的国家，根据资料统计分析，目前在中国已发现的温泉地热点有4000余处，主要集中在云南、西藏、广东、福建、台湾、重庆、海南、江西等地区。其中云南省资源储量最高，共有1240处，西藏排列第二，共有600多处。在我国温泉已经成为广受欢迎的休闲度假形式(图2-85)。

图2-82 欧美水疗SPA

图2-83 日本的汤治

图2-84 欧美温泉疗养

图 2-85 中国的温泉休闲度假

（三）发展条件

1. 区位交通条件

项目距离平山县城 20 千米，距石家庄市区 60 千米，处在石家庄市 1 小时交通圈上。从项目地出发 40 分钟即可到达石家庄市，三个小时车程可辐射北京、天津、太原、郑州以及济南等市场，交通十分便利。

2. 温泉资源

温塘镇温泉资源丰富，温泉疗养效果较佳。平山温塘镇温泉的水温高达 60～90℃，含有氟、钾、硼、钙、硫磺等 30 多种矿物质和微量元素，属高热弱碱性氯化物硫酸盐泉（图 2-86），医疗价值极高，尤其对皮肤病、风湿、类风湿性关节炎、高血压、运动外伤等疗效显著，结合欧美水疗 SPA 文化、日本的汤治文化营造种类丰富、风格各异的温泉空间（图 2-87）。

3. 红色旅游资源

红色文化是西柏坡的品牌资源，是大西柏坡发展的核心主题。西柏坡是著名的革命圣地（图 2-88），是中国共产党中央委员会和中国人民解放军总部所在地，也曾是中国共产党七届二中全会召开的场所。西柏坡和井冈山、延安一样，是全国著名的革命纪念地和爱国主义教育基地。秀丽的山水风光，集传统教育和旅游观光于一体，所有的这些红色资源都为项目发展提供了强大的助力。

图 2-86　高热弱碱性氯化物硫酸盐泉

图 2-87　风格各异的温泉空间

图 2-88　西柏坡革命圣地

（四）发展定位

项目以温泉小镇为载体，以温泉旅游为先导，以温泉度假和温泉养生为核心，以旅游房地产开发为商业模式，以森林湖泉为景观背景，以中山国为主题文化特色，建成集旅游、度假、会议、养生和生态人居为一体的西柏坡山地森林温泉养生度假特色小镇。

（五）功能布局

项目的功能布局形式为“两园、六区、六组团、一步道、一草场”。“两园”为山地运动公园和温泉乐园；“六区”指的是温泉区、精品酒店区、豪华酒店区、中央湖景区、酒店式公寓区、森林游乐区；“六组团”包括商业组团、森林养生组团、长寿村组团、温泉组团、养生公馆组团、艺术家村组团；“一草场”为滑草场，“一步道”为游览步道。

（六）项目规划

建设规划：

项目总用地面积 178.33 公顷（约 2675 亩），其中居住用地面积 59 公顷，公共设施用地 78 公顷，道路广场用地 16 公顷，绿地用地 22 公顷，水系用地 4 公顷。建设项目包括中山国文化主题温泉、主题温泉精品酒店、温泉风情街、山地运动公园、休闲温泉农场、艺术家村等。

重点项目规划：

1. 中山国文化主题温泉

中山国文化主题温泉通过结合东西方当前主流温泉开发模式，以温泉文化为媒介，以春秋战国时期中山国文化为文化主题（图 2-89），打造体验互动性和情景剧场式的文化主题温泉（图 2-90），包括接待、更衣淋浴、休息、餐厅、客房会议、休闲娱乐等功能。

图 2-89　文化主题温泉之情景剧场区

图 2-90　文化主题温泉之森林温泉

2. 主题温泉精品酒店

主题温泉精品酒店，以中山国文化为主题风格（图 2-91），以度假会议形象为主导的温泉精品酒店（图 2-92）。

图 2-91　中山国文化为主题的酒店

图 2-92 温泉精品酒店泡池

3. 温泉风情街

温泉风情街以温泉文化为主题，包括住宿（图 2-93）、餐饮（图 2-94）、购物、文化体验等功能（图 2-95）。

图 2-93 温泉文化为主题的住宿

图 2-94 温泉文化为主题的餐饮空间

图 2-95 温泉文化体验

4. 山地运动公园

结合项目良好的山地地貌因地制宜，规划一个山地运动公园，包括拓展训练基地、运动会所、滑草场（图 2-96）、森林乐园等项目。

图 2-96 滑草场

5. 休闲温泉农场

休闲温泉农场把温泉概念和农场文化相结合，以家庭单元的亲子活动为主要目标市场，打造一个环境优美、充满童趣的休闲温泉农场，包括温泉有机农业区（高科技农业）、儿童休闲农场区（图 2-97）和生态农业观光区三大功能板块。

6. 艺术家村

围绕创意温泉农场优美的自然环境设计各种趣味休闲活动（图 2-98）、趣味水上空间（图 2-99），规划充满艺术情调的艺术家村落（图 2-100）、特色迥异的各种建筑（图 2-101），从多方面吸引游客。

图 2-97 儿童休闲农场区

图 2-98 趣味休闲活动空间

图 2-99 趣味水上空间

图 2-100　艺术家村落

图 2-101　特色迥异的建筑

（七）设计亮点

项目以“大西柏坡”红色旅游为驱动引擎，立足温塘镇温泉资源优势，依托山水、历史和文化，打造以温泉为特色，集体疗、旅游、健身、会务和休闲房地产为一体的温泉休闲度假小镇。

四、浙江安吉高家堂村美丽乡村

高家堂村位于浙江省安吉县山川乡南端，全村区域面积 7 平方千米，其中山林面积 9729 亩，水田面积 386 亩，是一个竹林资源丰富、自然环境保护良好的浙北山区村（图 2-102）。高家堂村响应“美丽乡村”建设，是安吉生态建设的一个缩影，以生态建设为载体，进一步提升了环境品位，先后被评为“省级全面小康建设示范村”“省级绿化示范村”“省级文明村”“全国绿色建筑创新(二等奖)”等称号。

图 2-102　浙江省安吉县高家堂村

(一)高家堂村的生态优势

高家堂村将自然生态与美丽乡村完美结合,围绕“生态立村——生态经济村”这一核心,在保护生态环境的基础上,充分利用环境优势,把生态环境优势转变为经济优势。如今,高家堂村生态经济快速发展,以生态农业、生态旅游为特色的生态经济呈现良好的发展势头。从 1998 年开始,对 3000 余亩的山林实施封山育林,禁止砍伐。并于 2003 年投资 130 万元修建了环境水库——仙龙湖(图 2-103),对生态公益林水源涵养起到了很大的作用,还配套建设了休闲健身公园、观景亭、生态文化长廊(图 2-104)等。2014 年新建林道 5.2 千米,极大地方便了农民生产、生活。

图 2-103　仙龙湖

图 2-104　生态文化长廊

（二）高家堂村的发展模式

1. 重视环保，杜绝污染

为响应建设美丽乡村，高家堂村高度重视环保理念，从方方面面杜绝污染。高家堂村成立了竹林专业合作社，合作社规定禁止任何化学除草剂上山，全部雇佣人力，恢复以前刀砍锄头挖的原始除草方法，虽然成本提高了十几倍，但从源头上杜绝了水、土壤污染。数年里，浙江省农村第一个应用美国阿科蔓技术的农家生活污水处理系统、湖州市第一个以环境教育和污水处理示范为主题的农民生态公园等多个与生态环保有关的第一，均落户在高家堂村。

2. 引入资本，组建公司经营

2012 年 10 月，高家堂村引入社会资本，共同组建安吉蝶兰风情旅游开发有限公司来经营村庄，村集体占股 30%。村域景区由采菊东篱农业观光园、仙龙湖度假区和七星谷山水观光景区三大块组成，村里只负责基建，派驻财务进公司，景区由公司负责开发包装与营销，白天青山绿水，夜晚休闲宁谧（图 2-105）。经过几年的运作，公司已经有盈利，2015 年景区门票获利 150 万元左右。

图 2-105 夜晚的高家堂村

高家堂景区开建后，制定了一条村规：所有落户项目，必须与休闲旅游业相关。先后投资 6000 万元的海博度假项目(图 2-106)、莱开森水上乐园等项目(图 2-107)、投资 4000 万元的水墨桃林项目(图 2-108)每到春季一片桃花的海洋(图 2-109)，短短几年间，6 大项目、近 3 亿元旅游资本落户高家堂村。

图 2-106 海博度假村建

图 2-107 莱开森水上乐园

图 2-108　水墨桃林

图 2-109　水墨桃林的桃花

3. 以旅游发展带动扶贫

积极鼓励农户进行竹林培育、生态养殖、开办农家乐，并将这三块内容有机地结合起来，特别是农家乐乡村旅店，接待来自沪、杭、苏等大中城市的观光旅游者，并让游客自己上山挖笋、捕鸡，使得游客亲身感受到看生态、住农家、品山珍、干农活的一系列乐趣，亲近自然环境，体验农家生活，又不失休闲、度假的本色，此项活动深受旅客的喜爱，得到一致好评，也由此增加了农民收入。

4. 巧借资源，绿色环保竹产业

全村已形成竹产业生态、生态型观光型高效竹林基地(图 2-110)、竹林鸡养殖(图 2-111)规模，富有浓厚乡村气息的农家生态旅游等生态经济对财政的贡献率达到 50%以上，成为经济增长支柱。高家堂村把发展重点放在做好改造和提升笋竹产业，形成特色鲜明、功能突出的高效生态农业产业布局，让农民真正得到实惠。

图 2-110 生态型观光型高效竹林基地

图 2-111 竹林鸡养殖

同时，注重竹产品开发，如将竹材经脱氧、防腐处理后应用到住宅的建筑和装修中，开发竹围廊、竹地板、竹层面、竹灯罩、竹栏栅等产品，取得了一定的效益，并积极为农户提供信息、技术、流通方面的服务。

(四)高家堂村的区位优势

高家堂村位于安吉最南端，区位优势显著(图 2-112)，毗邻余杭、临安，距离安吉县 20 公里，距省会杭州 50 公里。

(三)高家堂村的规划布局

高家堂村的水域将场地分为西北侧的村落游道和东南侧的滨水步道两部分(图 2-113)。

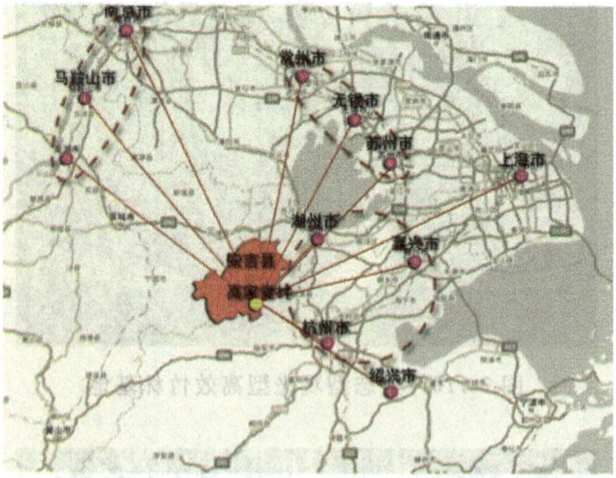

图 2-112　高家堂村区位图

图 2-113　高家堂村规划布局图

景观节点:景观节点散点式布局,将富有特色的建筑和景观节点串联于滨河两岸(图 2-114)。

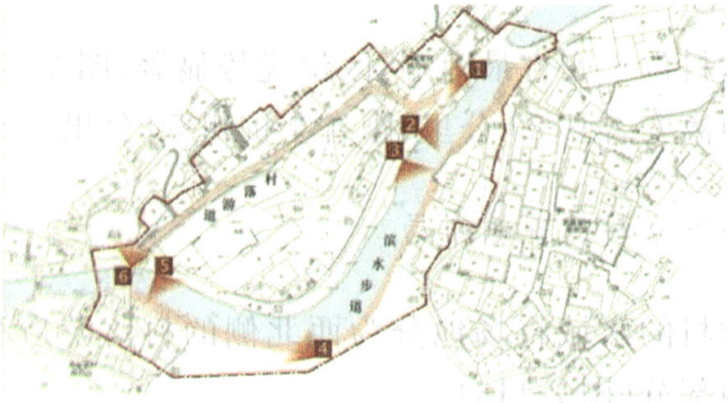

图 2-114　高家堂村景观节点布局图

建筑：建筑依山傍水（图 2-115），色调以朴素淡雅的黑、白、灰为主色调（图 2-116），建筑材料以青砖、灰瓦、原木、山石为主，打造古朴清新的民居风格。

图 2-115 高家堂村依山傍水的建筑

图 2-116 高家堂村朴素淡雅的建筑色调

交通流线：高家堂村人车分流，村落游道、主要道路和滨水步道顺水域方向而行，水上汀步和次要道路网状布局（图 2-117）。

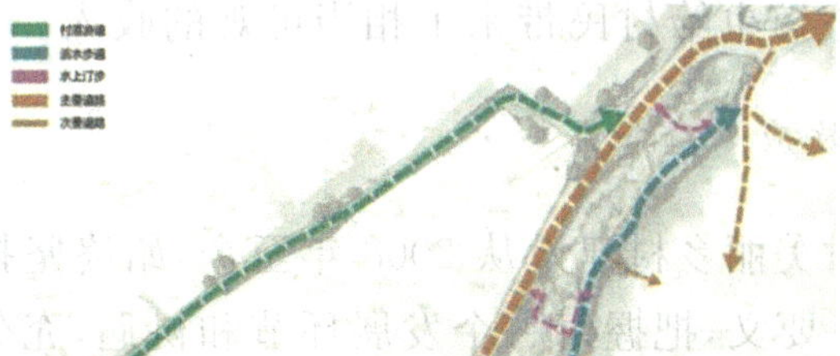

图 2-117 高家堂交通流线布局图

（四）高家堂村美丽乡村效应

1. 生态效应

“青山绿水就是金山银山”，高家堂村的美丽乡村建设之路就是这句话最好的见证。事实证明农村不搞高污染、高耗能的工业，保护好青山绿水也能给农民带来富裕的生活（图 2-118），而且是一条和谐自然、循环永续、以人为本的路子。

图 2-118　高家堂村的绿水青山

2. 经济效应

通过组建旅游开发有限公司，全村的旅游资源得到有效的整合与营销，村民集体持股 30%，每年能为每位村民带来 500 多元的收入，同时部分村民受聘于景区，每月都有固定工资，此外，农家乐和农家旅馆也给村民带来了相当可观的收入。

3. 龙头效应

高家堂村美丽乡村建设从 2008 年至今，始终坚持把保护生态环境作为第一要义，把握每一个发展环节和机遇，充分利用自身的优势，把休闲旅游作为发展致富的主要抓手，成为山川乡和安吉县的休闲旅游标兵，并被冠以“浙北最美丽的村庄”（图 2-119），近年来逐渐发展为山川乡旅游产业的探索者、领跑者，为安吉众多景区起到了很好的示范和辐射带动作用。

图 2-119 被誉为“浙北最美丽的村庄”的高家堂村

（五）设计亮点

由于高家堂村的生态基底较好，发展以生态环境为核心吸引力的休闲旅游潜力极高，在项目规划设计中以生态为原则，运营上适宜导入社会资本以及村民持股，通过公司经营科学规划与管理旅游资源。原生态、无污染的养殖、种植模式，使自然淳朴的农村生活方式对城市人群易产生较高的吸引力。村民多种收入方式：农家乐＋民宿＋景区工作＋农产品加工。高家堂村一直十分注重生态环境，高家堂村维护了生态环境，而良好的生态环境也使高家堂村发展为“美丽乡村”，提高了居民收入，带动了当地乡村旅游的发展。

五、山东日照凤凰措艺术村

项目名称：凤凰措艺术乡村

项目地点：山东省日照市南湖镇

无论生活还是度假，似乎更愿意从城市逃离，回归乡村，随之而来，乡村建设项目也越来越多，设计师们正在用自己的智慧为这些曾经被遗弃的地方创造更美好的生活空间。

凤凰措是一个乡村整体营造项目，一场空心村再生实践，位于山东日照，由孔祥伟与观筑设计团队驻场设计并全程营造。村子原名杜家坪，是一个典型的鲁东南石头民居聚落（图 2-120）。在城市化进程中，村子荒废掉了，大部分老房子已经坍塌，只遗留下来十几套老房子(图 2-121)。凤凰措整体定位为乡村艺术区,包括民宿酒店和艺术家工作室,设有林中美术馆、水上剧场、山顶教堂、山畔禅苑、图书馆、博物馆等文化空间,以及茶室、咖啡厅、餐厅、儿童公社等休闲空间,并保留一个区域打造为老房子博物馆。

图 2-120 凤凰措的前身——鲁东南石头民居聚落

图 2-121 凤凰措的前身——遗留的老房子

凤凰措坐落在山东省日照市南湖镇杜家坪村,马陵湖畔,名字意味着凤凰涅槃,老村新生,“措”在藏语中意为大湖的意思。

凤凰措距日照市区 15 公里,占地总面积约 127.66 亩,其中村落核心 40 亩,山林 30 亩,农田 30 亩,宅基地 45 套,遗留老房子 22 套,23 套成为废墟。背山面水,西有湿地,东有大湖,距城市中心15公里。村子树木茂密，老房子是典型的鲁东南山地石头民居。村子的原村民在多年以前整体搬到旁边的新村，老村子遭到遗弃，成为一个空心村。之后，大部分房子或被拆除，或自然坍塌，呈现半废墟的状态(图2-122)。

图2-122 凤凰措的前身——自然坍塌的老房子

凤凰措，是一场衰败村落的重生实践，由孔祥伟和北京观筑景观设计院主持设计，很好地将规划、建筑、景观以及现场营造融为一体。原本是城市化进程中荒废掉的古村落，通过设计师巧妙的规划设计，凤凰涅槃，老村新生。在废墟和老房子的基础上进行翻新，将其打造为一个艺术区。所有旧的，保留下来，所有有生命的，树木连同鸟虫，继续生长栖息，所有新的，以乡土之貌得以永恒。

凤凰措也是全国首个乡村记忆博物馆民宿，位于山东省日照市东港区凤凰措艺术区，民宿由7栋古村落原有的石头老房子和4栋新建筑构成，新建筑和穿插在老房子的民宿房间外观均为现代乡土风格，利用玻璃、石头、木板、耐候钢板建设而成，完美实现新老碰撞后和谐之美，居住部分为现代舒适装修、两米二的大床、超大的卫生间外独立浴缸、完全的智能化系统；每栋老房子里和院落中陈列展出齐鲁大地上承载乡村记忆的老物件，成系列地展出“那些年我们看过的乡戏”“那些年我们身边的手工艺人”等摄影作品；和“那些年我们玩过的玩具”“那些年贴过的年画”等主题收藏。

凤凰措的开发是对空心村的探索，是一个资本介入的空心村再生营造。需要对空间和业态进行全新的开发。空间上，映照传统院落空间，留有天井；材料上，使用老房子拆下来的暖黄色石材，和老房子的立面保持一致；景观上，保留村落肌理（图 2-123），运用老旧材料，并栽植野草；在空间形式上，采用现代的建筑语言，注入新的活力。

图 2-123　村落的肌理

凤凰措的营造，是一场设计观念的重塑，是将设计与生活融入荒野乡村的个人体验，也是一场探求自然的心路历程。使人受自然的馈赠，尽情地感知自然，感受四季的变化以及每天的时光流转，诗、绘画、散文，皆在静谧的天地中产生（图 2-124）。

图 2-124　静谧的凤凰措

经设计师之手全程改造后，凤凰措变成一座与周边环境和谐共生的美丽乡村艺术区（图 2-125），里面包括民宿酒店和艺术家工作室，设有林中美术馆、水上剧场、山顶教堂、山畔禅苑、图书馆、博物馆等文化空间以及茶室、咖啡厅、餐厅、儿童公社等休闲空间，并保留一个区域打造为老房子博物馆。

图 2-125 与周边环境和谐共生的凤凰措

在保留原街巷院落肌理、旧建筑、树木的基础上，在其间进行大胆的新元素介入。材料上，使用老房子坍塌留下来的暖黄色老石头，混凝土和耐候钢版，追求材料的原真性。

景观上，运用老旧材料，栽植野草，保留乡土自然的野性；空间及建筑运用现代建筑语汇。

营造理念

变设计为营造，设计师驻场设计，并参与到具体的建造过程中，称为“回家设计”，在建造的过程中与工匠紧密结合，将工匠的技艺反馈到设计中，长期地驻场营造，也使设计工作与自然生活融为一体。历时三年，完成了村落入口、艺术家工作室——巷民宿接待中心、素颜餐厅和老院子民宿（图 2-126）。

村落入口在材料上采用本地石块，象征山峰（图 2-127），由两片当地石材砌筑和雕塑体构成村子入口（图 2-128），石材雕塑体与远山遥相呼应（图 2-129）。

图 2-126　凤凰措整体规划布局总平面图

图 2-127　象征山峰的凤凰措村落入口

图 2-128　凤凰措入口体块雕塑

图 2-129 石材雕塑体与远山遥相呼应的凤凰措入口

艺术家工作室：位于西侧第一个废弃的巷子，保留了院墙和院子里的树木，在空隙中做房子。建筑材料主要采用废弃老房子的石头(图 2-130)，窗套采用混凝土和耐候钢板两种形式，楼梯采用透明的玻璃材质(图 2-131)，与周边的环境融为一体(图 2-132)，同时运用中国古典园林的花窗透景形式重新解构，现代与古典完美结合(图 2-133)。

图 2-130 利用废弃老房子石头的艺术家工作室

图 2-131 艺术家工作室的玻璃栏杆楼梯

图 2-132　与周围环境融为一体的艺术家工作室

图 2-133　艺术家工作室现代与古典相结合的花窗

民宿接待中心：位于村子广场的方盒子建筑(图 2-134)，包裹进一个遗留的老房子(图 2-135)。建筑材料采用老石头、混凝土和耐候钢(图 2-136)，庭院和台地栽植芒草(图 2-137)，室内是素混凝土(2-138)，沙发和伴手礼柜子也由混凝土预制而成(图 2-139)。

图 2-134　方盒子形式的民宿接待中心

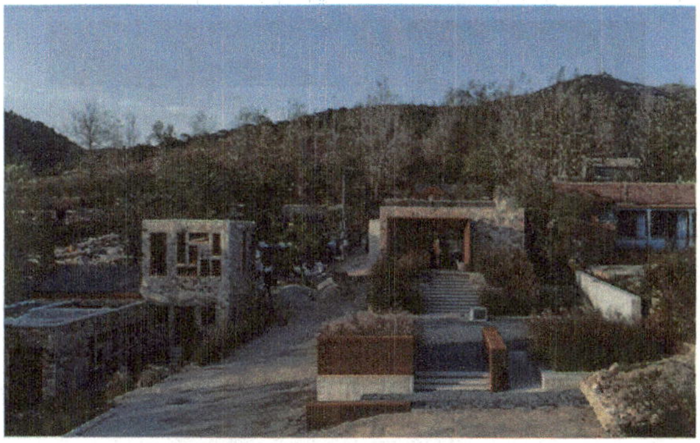

图 2-135　民宿接待中心与老房子

图 2-136　采用老石头、混凝土和耐候钢混搭的建筑

图 2-137 庭院和台地栽植的芒草

图 2-138 凤凰措民宿的室内素混凝土

图 2-139 凤凰措民宿的室内混凝土沙发

素颜餐厅:素颜餐厅位于凤凰措民宿区核心位置,周边由老房子和树木围绕(图 2-140)。餐厅名称源自素混凝土,素颜是一种美,也是一种生活态度。素颜餐厅的理念与凤凰措乡村营造追求材料的原真性相一致。餐厅空间追求通透，东部和南部采用大的取景窗（图 2-141）。建筑材料为素混凝土和当地石材。不加修饰的混凝土用清晰有力的几何形式（图 2-142），呈现出原始美感。餐厅内部全部由素混凝土构成，包括吧台，餐桌以及储物柜。室内顶部采用三角形采光井（图 2-143），能够享受一天中变化丰富的光影。门窗等建筑细部均为手工制作（图 2-144）。

图 2-140　老房子和树木围绕的素颜餐厅

图 2-141　素颜餐厅的大取景窗

图 2-142　素颜餐厅几何形式的混凝土建筑材料

图 2-143　素颜餐厅的三角形采光井

图 2-144　素颜餐厅手工制作的门窗

老院子民宿：总体思路是保留与再利用相结合（图 2-145）。具体采用新旧对比以及运用乡村记忆材料的方式，保留老房子、保留院墙、保留树木和街巷肌理（图 2-146）。两排老房子一共五套（图 2-147），在每个院子里增加厢房作为民宿，将老屋改为茶室。分别有水泥预制小屋、水刷石小屋、夯土小屋、钢板小屋以及镜面小屋。

张叔小院：张叔小院是老房子与水泥预制小屋的大胆结合（图 2-148），水泥预制小屋，是对 20 世纪中期的水泥预制装饰符号的追忆（图 2-149），所有混凝土块均由当地木匠张叔手工预制完成，故名张叔小院。院子里混凝土水景（图 2-150），动静结合（图 2-151），是对房子的呼应。

图 2-145 保护与再利用相结合的凤凰措老院子民宿

图 2-146 凤凰措老院子民宿的街巷肌理

图 2-147 凤凰措的五套老院子民宿

图 2-148　凤凰措张叔小院

图 2-149　凤凰措张叔小院的水泥预制小屋

图 2-150　凤凰措张叔小院的混凝土水景

图 2-151 动静结合的混凝土水景

水石小院:主体建筑为水刷石小屋(图 2-152),是对 20 世纪水刷石建筑的追忆(图 2-153)。建筑将一棵老杏树包裹在内(图 2-154),动静结合的水景产生和谐的韵律美(图 2-155),与建筑、老树共同形成和谐恬静的水石小院(图 2-156)。

图 2-152 主体建筑为水刷石的水石小院

图 2-153 水石小院的水刷石建筑

图 2-154　水石小院的老杏树

图 2-155　水石小院极具韵律感的水景

图 2-156　和谐恬静的水石小院

锈品小院：锈品小院主要以石块和锈钢板为主要材料(图 2-157)，大门为锈钢板(图 2-158)，主体建筑为锈钢板小屋(图 2-159)，院子里的水景也为锈钢板水景，石块与锈钢板材质上形成鲜明对比，搭配出质朴而怀旧的景观氛围（图 2-160）。

图 2-157 以石块和锈钢板为主要材料的锈品小院

图 2-158 锈品小院锈钢板材质的大门

图 2-159 主体建筑为锈钢板小屋的锈品小院

图 2-160　质朴而怀旧的锈品小院

素土小院:素土小院主体建筑为夯土建筑(图 2-161),是对夯土建筑的回忆。小屋的开窗则运用混凝土(图 2-162)、钢板和镜面不锈钢作对比(图 2-163)。

图 2-161　素土小院的夯土建筑

图 2-162　素土小院的混凝土开窗

图 2-163 钢板和镜面不锈钢作对比的素土小院

魔镜小院：主体建筑为镜面不锈钢（图 2-164），是对比最为强烈的建筑（图 2-165），院子里还保留了一片木瓜树（图 2-166），室内的屋顶由彩色玻璃窗构成（图 2-167），与石块树木和谐统一（图 2-168），夜景尤为绚烂多彩（图 2-169）。

图 2-164 魔镜小院的不锈钢主体建筑

图 2-165 不锈钢与石材强烈对比的魔镜小院

图 2-166　魔镜小院的木瓜树

图 2-167　魔镜小院屋顶的彩色玻璃

图 2-168　石块与树木和谐统一的魔镜小院

图 2-169 绚烂多彩的魔镜小院夜景

设计亮点：

凤凰措的规划设计不仅在于以一个整体村落为对象，对整体聚落、景观、建筑以及室内进行一体化设计与营造，更在于对场地的传承和利用，一片废弃的村庄在设计师的设计下，不但保留了村庄的古朴，而且注入了新的活力，成为充满艺术气息的特色村庄，是传统与现代的完美融合。

六、小结

综上所述，我国的乡村景观相比国外，起步较晚，尚处于摸索阶段，再加上我国幅员辽阔，人口众多，不同的地域面临的各种现实问题各不相同，实施起来会有各种各样的困难，但总体来说在国家政策导向的大力支持下所取得的成绩也是值得肯定的。

从乡村景观的各种成功案例来看，现代乡村旅游对农村的经济发展有积极的推动作用，已成为发展农村经济的有效手段。乡村旅游以具有乡村性的自然和人文客体为旅游吸引物，依托农村区域的优美景观、自然环境、建筑和文化等资源，应在传统农村休闲游和农业体验游的基础上，开拓运动和健康旅游、科普教育旅游、传统文化旅游以及一些区域的民俗体验旅游活动。但在乡村旅游开发中要注意资源开发与环境保护协调的问题，防止旅游开发造成环境污染和资源破坏，加强与生态资源的有机结合，坚持在旅游资源开发中“保护第一，开发第二”的原则，走可持续发展的道路。发展乡村旅游要以增加农民收入为核心，以保护乡村的自然生态环境为重点，维护乡村性和地方特色，走特色化、规范化、规模化和品牌化一体化的道路，实现乡村旅游产业化的基本目标，最终实现乡村旅游业可持续发展。

从乡村景观规划来看，面对农村生活水平和环境意识的需求不断提高的现实，对新农村乡村景观规划的研究仍呈现出落后的发展，我国仅仅停留在传统规划学的用地平衡层面，仍然需要不断的探索发展。比较国内外新农村景观规划的理念和实践，笔者深刻地认识到国外学者们对新农村生态、对社会和文化意识等在景观规划中的重要性。未来乡村景观规划研究必须综合多学科的交叉，科学制定合理的景观规划设计模式，坚持以生态、人本、多样、本土特色为基本原则，建立保护与发展之间的可持续体系。

乡村景观规划是与自然景观高度结合的，因此在做规划时不仅要重视自然景观的保护，更要以长远的目标即可持续发展的目标来做规划，尤其要注意贫困地区乡村景观资源的开发和保护，不要一味地注重发展而损害了资源的持续利用。保护乡村可持续发展，揭示乡村景观规划和农村发展的内在联系和重要意义。

第三章　田园综合体相关概述

第一节　田园综合体的概念、发展背景及现状

一、田园综合体的基本概念

（一）概念导入

晋太元中，武陵人捕鱼为业。缘溪行，忘路之远近。忽逢桃花林，夹岸数百步，中无杂树，芳草鲜美，落英缤纷，渔人甚异之，复前行，欲穷其林。

林尽水源，便得一山，山有小口，仿佛若有光。便舍船，从口入。初极狭，才通人。复行数十步，豁然开朗。土地平旷，屋舍俨然，有良田美池桑竹之属。阡陌交通，鸡犬相闻。其中往来种作，男女衣着，悉如外人。黄发垂髫，并怡然自乐。

——桃花源记

平坦宽广的土地，整齐明亮的房舍，还有肥沃的田地、美丽的池塘，桑树、竹林点缀其中。田间小路交错相通，鸡鸣狗吠的声音此起彼伏。田野里是来来往往耕种劳作的人们。老人和小孩，都是怡然并自得其乐的样子。陶渊明在《桃花源记》中描绘出的是蕴含着厚实的社会人生内容的优美画面，表达了人们对于田园生活的美好向往。

从《桃花源记》里我们看到人们对美好田园生活的向往，中国人早期的田园情节。时至今日，随着城市化进程的加快，各种环境污染、交通堵塞、资源紧缺等各种“城市病”的出现，人们对“田园”生活的向往愈加强烈。另外，随着城乡差距越来越大，农村的

青壮年劳动力大量流向城市，造成乡村“空心化”严重，大量的留守老人、留守儿童不仅使乡村发展陷入僵局，也使城市发展的“城市病”和乡村发展的“空心化”成为恶性循环。我国是一个农业大国，农业的根基是国之根本，在这样的背景下，协调城乡经济发展的“田园综合体”应运而生。

2017 年 2 月 5 日，中央一号文件首次提出“田园综合体”这一新概念，“支持有条件的乡村建设以农民合作社为主要载体、让农民充分参与和受益，集循环农业、创意农业、农事体验于一体的田园综合体，通过农业综合开发、农村综合改革转移支付等渠道开展试点示范”。紧接着，党的十九大报告中首次提出实施乡村振兴战略，为未来农业的发展指明了方向，而田园综合体作为贯彻落实乡村振兴战略的重要抓手，打造全新田园综合体任重道远。

从字面含义上看：田园综合体中的“田园”，就是乡村特色的统称，旨在重塑乡村价值，践行“可持续发展”的观念，强调“天人合一”，人与自然和谐的发展世界观；“综合”就是指对规划地的综合规划和综合运营；“体”即全域。

从文字含义理解：第一，田园综合体的主要载体为农民合作，旨在通过农民充分参与使其受益，这种思维模式就是以企业和地方合作的方式，创新突破性的综合化发展产业和跨越化利用农村资产，通过激发原来受局限的资产和资源效力，进而在乡村进行大范围整体、综合的规划、开发、运营，以求达到综合发展的目的，从而形成乡村社会产业发展的广阔空间。第二，田园综合体在产业内容上被定义为集循环农业、创意农业、农事体验三个于一体的田园综合体。借助创意思维逻辑和发展理念，有效地将科技、人文和文化要素融人农业生产，整合资源拓展农业功能，从而达到既能满足游客的观光体验，又能达到使原住民受益的同时吸引新住民的目的。

田园综合体是综合化发展产业和跨越化利用农村资产，是集现代农业、休闲旅游、田园社区为一体的特色小镇和乡村综合发展模式。田园综合体是在城乡一体格局下，新型产业发展，结合农村产权制度改革，实现中国乡村现代化、新型城镇化、社会经济全面发展的一种可持续性模式。

（二）田园综合体的核心内涵

田园综合体强调要以农民合作为主要载体，农民能够充分参与和受益，同时在产业内容上集休闲观光、农业生产、综合发展于一体。田园综合体一般包含如下内容：

景观吸引核：吸引人流、提升土地价值的关键所在。依托观赏型农田、瓜果园、观赏苗木、花卉展示区、湿地风光区、水际风光区等，使游人身临其境地感受田园风光和农业魅力。

休闲聚集区：为满足客源的各种需求而创造的综合产品体系。可以包括农家风情建筑（如庄园别墅、小木屋、传统民居等）、乡村风情活动场所（特色商街、主题演艺广场等）、垂钓区等。休闲聚集区使游人能够深入农村特色的生活空间，体验乡村风情活动，享受休闲农业带来的乐趣。

农业生产区：生产性主要功能部分。让游人认识农业生产全过程，在参与农事活动中充分体验农业生产的乐趣，同时还可以开展生态农业示范、农业科普教育示范、农业科技示范、循环农业、创意农业、农事劳动等项目。

循环农业——利用物质循环再生原理和物质多层次利用技术，兼顾生态效益、经济效益、社会效益，实现资源利用效率最大化、废弃污染最小化的一种环境友好型农作方式。

创意农业——以审美体验、农事体验为主题，具有养生、养美、体验品味的功能和快乐，提供给在快节奏工作中的人放松的地方，增添被高楼大厦包裹外的乐趣，目的是让农民增收、农村增美、企业增效、城市增辉。其借助创意产业的思维逻辑和发展理念，人们有效地将科技和人文要素融入农业生产，进一步拓展农业功能、整合资源，把传统农业发展为融生产、生活、生态为一体的现代农业。

农事劳动——休闲农业中将农业生产、自然生态、农村文化和农家生活变成商品出售,城市居民则通过身临其境地体验农业、农村资源,满足其愉悦身心的需求。

居住发展带:城镇化主要功能部分,是田园综合体迈向城镇化结构的重要支撑。通过产业融合与产业聚集,形成人口相对集中居住,以此建设居住社区,构建了城镇化的核心基础。

社区配套网:城镇化支撑功能。服务于农业、休闲产业的金融、医疗、教育、商业等,称为产业配套,由此形成产城一体的公共配套网络。

二、中国田园综合体发展背景

(一)城乡问题

随着城市化进程的加快,城乡差异进一步扩大。城市与乡村呈两极发展状态,一方面乡村源源不断地向城市提供食物与资源,另一方面城市却不断地向乡村侵蚀。城市的掠夺发展模式不仅让人付出沉重的环境代价,同时也给社会发展带来诸多问题。城市人口不断增加,配套资源短缺,交通拥堵,生态环境遭到破坏。而在中国的乡村资源利用率低、农田空置、经济发展缓慢,乡村特色及文化逐步消失,乡村低效粗放的经济模式和基础设施建设远低于城市发展。中国城市与乡村发展的现实问题是中国城市化进程中无法回避的问题。

(二)田园价值

乡村最大的资源价值在于其田园诗画般的自然环境。“田园”一词包括“田地”和“园圃”。早在东晋时期,文人雅士首先发现了“田园”的价值,向田园生活回归,创立田园诗派和画派,其代表有陶渊明的《归园田居》《桃花源记》,王维的《辋川别业》。田园以其所特有的田园文化和田园生活带给人心灵和精神上的愉悦与放松。当下,与田园相关的农事活动、风土人情和自然景观成为吸引城市人前往休闲观光体验及学习的主要推动力。这种推动力和价值是乡村形成有别于城市旅游产品，开创独具特色的乡村旅游的基础。乡村旅游是绿色产业，在保护当地自然环境的基础上整合当地资源，促进城镇发展。田园旅游产品与城市旅游产品相比，其核心竞争力在于当地的自然环境及乡村文化。

（三）传统农业园区发展模式固化

转型升级面临较大压力，农业发展进入新阶段，农村产业发展的内外部环境发生了深刻变化，传统农业园区的示范引领作用、科技带动能力及发展模式与区域发展过程中条件需求矛盾日益突出，使得农业园区新业态、新模式的转变面临较多的困难，瓶颈明显出现。

现阶段，传统农业产业园区发展思路已经不适合新形势下的产业升级、统筹开发等要求，亟须用创新的方式来解决农业增效、农民增收、农村增绿的问题，田园综合体就是比较好的创新模式之一。

（四）国家政策给乡村发展带来契机

自从1996年温铁军博士提出“三农”问题后，城乡差距等社会问题逐渐受到关注，从统筹城乡发展到推进新农村建设再到美丽中国，一系列相关政策正在逐步推进乡村建设与发展。

2012年12月15日，中央经济工作会议报告中提出要“积极稳妥推进城镇化，着力提高城镇化质量。城镇化是我国现代化建设的历史任务，也是扩大内需的最大潜力所在，要围绕提高城镇化质量，因势利导、趋利避害，积极引导城镇化健康发展。要构建科学合理的城市格局，大中小城市和小城镇、城市群要科学布局，与区域经济发展和产业布局紧密衔接，与资源环境承载能力相适应。要把有序推进农业转移人口市民化作为重要任务抓实抓好。要把生态文明理念和原则全面融入城镇化全过程，走集约、智能、绿色、低碳的新型城镇化道路。”由此可见，未来的城镇化建设并非单一的城市人口比例和面积的扩大，而是以新型产业布局为核心动力建立集约型可持续发展的和谐社会。因此，选择与资源环境承载能力相适应的产业是发展新型城镇的重要环节。

2017 年 2 月 5 日，“田园综合体”作为乡村新型产业发展的亮点措施被写进中央一号文件，原文如下：支持有条件的乡村建设以农民合作社为主要载体、让农民充分参与和受益，集循环农业、创意农业、农事体验于一体的田园综合体，通过农业综合开发、农村综合改革转移支付等渠道开展试点示范。

2017 年 5 月 24 日，财政部印发了《关于开展田园综合体建设试点工作的通知》（财办〔2017〕29 号）。

2017 年 6 月 5 日，财政部又印发了《开展农村综合性改革试点试验实施方案》（财农〔2017〕53 号），并发布了《开展田园综合体建设试点的通知》，决定从 2017 年起在有关省份开展农村综合性改革试点试验、田园综合体试点。就具体政策的相关内容，财政部农业司、国务院农村综合改革办公室负责同志日前进行了解读。

财政部日前下发《关于开展田园综合体建设试点工作的通知》，2017 年，财政部确定河北、江西等 18 个省份开展田园综合体建设试点。中央财政从农村综合改革转移支付资金、现代农业生产发展资金、农业综合开发补助资金中统筹安排，支持试点工作。河北、山西、内蒙古、江苏、浙江、福建、江西、山东、河南、湖南、广东、广西、海南、重庆、四川、云南、陕西、甘肃 18 个省份，作为首批试点，每个试点省份安排试点项目 1～2 个。试点省份财政部门于 2017 年 6 月 30 日前，分别向财政部农业司（国务院农村综改办）、国家农发办报送田园综合体试点。

（五）城乡发展与田园综合体

从城乡发展全局来看，田园综合体作为城乡一体化的新支点和新引擎，成为带动城乡经济快速发展的重要纽带。

中央城市工作会议指出，“我国城镇化必须和农业现代化同步发展，城市工作必须同‘三农’工作一起推动，形成城乡发展一体化的新格局。”中央农村工作会议指出，“一定要看到，农业还是‘四化同步’的短腿，农村还是全面建成小康社会的短板。中国要强，农业必须强；中国要美，农村必须美；中国要富，农民必须富。”以城带乡、以工促农、形成城乡发展一体化新格局，必须在广阔的农村地区找到新支点、新平台和新引擎。具有多元集聚功能的田园综合体恰好可以成为实现这一目标的优良载体。也就是说，田园综合体将成为实现乡村现代化和新型城镇化联动发展的一种新模式。

近年来，我国将农业供给侧结构性改革作为转化“三农”发展动能的主要抓手，进行了多项改革尝试，取得了一定效果，积累了良好基础，特别是在“提质”方面，在优质农产品供给方面，取得了较大突破。下一步，如何将现有改革项目集聚、联动，形成精准发力、高起点突破的新引擎，在进一步“提质”的基础上做到“增效”，让农民充分受益，让投资者增加收益，将是“三农”领域改革面临的新挑战。田园综合体集循环农业、创意农业、农事体验于一体，以空间创新带动产业优化、链条延伸，有助于实现一二三产业深度融合，打造具有鲜明特色和竞争力的“新第六产业”，实现现有产业及载体（农庄、农场、农业园区、农业特色小镇等）的升级换代。

田园综合体集聚产业和居住功能，让农民充分参与和受益，是培育新型职业农民的新路径。各种扶贫政策和资金，可以精准对接到田园综合体这一“综合”平台，释放更多红利和效应，让农民有更多获得感、幸福感，让‘三农’有可持续发展支撑，让农村真正成为“希望的田野”。

农村不能成为荒芜的农村、留守的农村、记忆中的故园。中央农村工作会议指出，“必须坚持把解决好“三农”问题作为全党工作重中之重，让农业经营有效益，让农业成为有奔头的产业，让农民成为体面的职业，让农村成为安居乐业的美丽家园。”田园综合体将推动农业发展方式、农民增收方式、农村生活方式、乡村治理方式深刻变化，实现新型城镇化、城乡一体化、农业现代化更高水平的良性互动，奏响“三农”发展全面转型的“田园交响曲”。

田园综合体包含新的农村社区建设模式，乡村地产经过长期的探索和创新，积累了一定的能量，但也进入了“瓶颈期”，土地供应机制、开发模式、营销渠道等都面临转型，依附于田园综合体，在土地盘活机制、建筑特色、适宜人群等方面将有一次飞跃式的变革，借助这一载体和平台，乡村地产将寻找到新的发展空间。

田园综合体是集现代农业、休闲旅游、田园社区为一体的特色小镇和乡村综合发展模式。农村是我国传统文明的发源地，是乡土文化的根。田园综合体为“艺术乡建”提供广阔的创作空间，为乡村文化提供良好的传承平台。借助田园综合体的文化建构，乡村治理将获得更多的深层次文化支撑，助推美丽田园、和谐乡村的目标早日实现。以美丽乡村和产业发展为基础，将扩展农业的多功能性，实现田园生产、田园生活、田园生态的有机统一，以及和一二三产业的深度融合。通过以企业和地方合作的方式，对原有乡村社会进行综合的规划、开发和运营。

英国学者霍华德于1899年提出“田园城市”的概念，虽然和现在的田园综合体有一定的区别，但出发点都是为了结合城市、乡村各自的优点，创造更好的人居环境和产业发展环境。

从市场前景来说，以田园综合体为理念打造的特色小镇将具有超前的市场定位和市场规模。翻看美国历史可以发现，美国的城市人口大规模向郊区流动后，反而导致城市空心化，而我国的问题恰好相反是农村空心化。田园综合体通过推动一二三产业深度融合发展，实现特色小镇由单纯观光向农业观光、农事体验、农耕文化品位相结合的复合功能转变。这种转变也让更多的年轻人回到自己的家乡，在缓解城市人口压力的同时也解决了乡村劳动力不足的问题。

结合我国的国情来看，田园综合体发展的背景有以下四个方面。

1. 社会背景

城乡一体化发展，实施乡村振兴战略。习近平说：“农村绝不能成为荒芜的农村、留守的农村、记忆中的故园。城镇化要发展，农业现代化和新农村建设也要发展，同步发展才能相得益彰，要推进城乡一体化发展。”实施乡村振兴战略，是党的十九大报告作出的重大决策部署。十九大报告指出，促进农村一二三产业融合发展，支持和鼓励农民就业创业，拓宽增收渠道。按照产业兴旺、生态宜居、乡风文明、治理有效、生活富裕的总要求，建立健全城乡融合发展体制机制和政策体系，加快推进农业农村现代化。

2. 经济背景

农业发展缓慢，产业模式有待创新。农村的空心化、老龄化，让农村经济发展滞后，传统的农业园区已不符合新的经济形势。

农业发展进入转型阶段，传统农业园区面临较大压力，亟待创新产业模式，田园综合体则应运而生。

3. 文化背景

城市病加剧，乡村旅游盛行。大城市经过多年的快速发展，导致一系列社会问题，比如房价高昂、交通拥堵、空气污染严重等，城市病愈演愈烈，使人们越来越向往闲适的乡村生活，开始了“回家运动”和“寻找乡愁”。回归乡村的人们开始建设新农村，而都市人已不再满足传统的休闲观光游，开始追求有验可体，有情可寄的乡村旅游。根据中国社科院舆情实验室发布的 2016 年《中国乡村旅游发展指数报告》，未来 10 年乡村旅游将保持较高增长速度，乡村旅游正在成为新的生活方式。

4. 环境背景

生态时代，倡导绿色发展。近年来，生态环境恶化成为人们关注的焦点，也是农村经济增长面临的新问题，农业除了承担农民增收的功能，还要承担起重要的生态保护功能。田园综合体以尊重自然环境为开发原则，充分利用本土自然资源，挖掘乡土文化和风土人情，将农业生产生活休闲观光化，使乡村焕发新的活力。

三、田园综合体发展现状

（一）主要问题

城乡二元问题（二元就是指不同），这个不同形成的差距不仅是物质差距，更是文化差距。解决差距的主要办法是发展经济，而发展经济的主要路径是通过产业带动。在一定的范畴里，快速工业化时代的乡镇工业模式之后，乡村可以发展的产业选择不多，较有普遍性的只有现代农业和旅游业两种主要选择。农业发展带来的增加值是有限的，不足以覆盖乡村现代化所需要的成本。而旅游业的消费主体是城市人，它的增加值大，因此，旅游业可作为驱动性的产业选择，带动乡村社会经济的发展，一定程度地弥合城乡之间的差距。

在这个过程中，要注重用城市因素解决乡村问题。解决物质水平差距的办法，是创造城市人的乡村消费。解决文化差异问题的有效途径是城乡互动。关于城乡互动，最直接的方法，就是在空间上把城市人和乡村人融合在一起，在行为上让他们互相交织。

中国的乡村现代化，在现在的物质和文化的现实差距下，由乡村自行发展，要想呈现好的发展局面，有很大的局限性。因为它不能自动具备人才、资金、组织模式等良好的发展因子，所以我们看到了非常多的乡村社会在无序、无力和分散的思想下，在竭泽而渔中走向凋敝。从我们目前的环境来看，我们主张尝试用一种恰当的方法论经历这个过程。探讨在当前环境下，用更多的时间和精力，让企业和金融机构有机会参与，联合政府和村民组织，以整体规划、开发、运营的方式参与乡村经济社会的发展。

田园综合体是城乡统筹规划体系的有效补充，是新型城镇化发展路径之一和重要抓手，是农业农村统筹发展，城乡融合的主要规划设计类型。

(二)田园综合体三大模式的升级

田园综合体的开发离不开当地政府的鼎力支持，政府机构应在田园综合体理论体系下，进行城市或区域发展规划，包括土地规划、产业规划及社会发展规划。做好农业用地、建设用地、国有资源（地下水、地热、风能、矿产、林地、水域等）的收储、转让（经营权或产权）或授权，并将田园综合体的核心理念对外宣传推广。负责用地上原居民和企业的安置，并对企业进行融资担保。推进项目用地红线外的市政和交通建设，处理政策性矛盾，协助申请和落实优惠政策，参与项目的开发过程和运营管理并进行项目监督。

田园综合体是一项牵涉面广，关联性强的复合型产业开发模式。发展田园综合体的关键在于企业与当地政府的协作。在精准的业态定位下相互配合，依托当地田园风光及资源优势，建立复合产业链发展并逐步形成稳健的消费市场，同时实现产业模式、产品模式和土地开发模式的全面升级。

1. 产业模式升级

由单一的农业生产到休闲农业产业化营造农作物大地景观，依托成片花海营造景观与婚纱摄影等娱乐项目相结合；种植果蔬，将农俗体验与其相结合，上山采果摘茶、下地挖野菜，池塘边垂钓等；利用生态农业科技发展开发生态农业示范、农业科普教育示范、农业科技示范等项目，让游客参与其中，体验乐趣。

2. 产品模式升级

从单一农产品到综合休闲度假产品生态水产养殖度假区，利用自然水体发展养殖业，让游客体验垂钓、观鱼的乐趣。例如，葡萄酒庄园度假区，将成熟的葡萄进行酿造，让游客体验从采摘到酿造葡萄酒的全过程；民俗体验度假区，以家庭为单位，休闲时居住在此，从事种花、种菜、修剪果树、采摘蔬果等乡间劳作，体验亲近自然的乐趣;生态养生度假区,依靠山体种植茶树,通过体验采茶、品茶,感悟其中禅意。

3. 土地开发模式升级

从传统住宅地产到休闲综合地产,一是早期田园体验度假村运营地产,利用空余出来的部分房产再进行装修后以度假村的形式出租给游客,既为农民增加首付,又让游客更为深入地体验民俗文化;二是远期集养老、养生、度假为一体的综合配套休闲地产。

第二节　田园综合体的建设意义、作用、内容及功能

一、田园综合体的建设意义

建设田园综合体对于培育农业农村发展新动能、加快城乡一体化步伐、推动农业农村实现历史性变革具有深刻的历史意义和重要的现实意义,核心是提供一个机制创新和融合发展的新平台、新载体、新模式。

一是田园综合体为推进农业供给侧结构性改革搭建了新平台。推进农业供给侧结构性改革,转化"三农"发展动能的核心和关键是确立承载产业、集聚项目、融合要素的平台。田园综合体集循环农业、创意农业、农事体验于一体,以空间创新带动产业优化、链条延伸,有助于实现一二三产业深度融合,实现现有产业和发展载体的升级换代。

二是田园综合体为农业现代化和城乡一体化联动发展提供了新支点。中央城市工作会议指出,"我国城镇化必须同农业现代化同步发展,城市工作必须同'三农'工作一起推动,形成城乡发展一体化的新格局"。以城带乡、以工促农、形成城乡发展一体化新格局,必须在农村找到新支点和新平台。田园综合体要素集中,功能全面,承载力强,是城乡一体化的理想结合点和重要标

志，为乡村现代化和新型城镇化联动发展提供了支撑。

三是田园综合体为农村生产生活生态统筹推进构建了新模式。建设田园综合体，在发展生产、壮大产业的同时，为农民探索多元化的聚居模式，既保持田园特色，又实现现代居住功能，为实现城乡基础设施和公共服务均等化提供了最佳空间。田园综合体的田园风光、乡野氛围、业态功能等，加之优良的生态环境和循环农业模式，能够更好地迎合和满足城市居民对生态旅游和乡村体验的消费需求，使生产、生活和生态融合互动发展。

四是田园综合体为传承农村文明，实现农村历史性转变提供了新动力。通过田园综合体，有助于实现城市文明和乡村文明的融合发展，为传承和发展我国传统农耕文化提供了契机，乡村治理也能获得更多的深层次文化支撑，助推实现美丽田园、和谐乡村。田园综合体将推动农业发展方式、农民增收方式、农村生活方式、乡村治理方式的深刻变化，全面提升农业综合效益和竞争力，真正让农业成为有奔头的产业，让农民成为体面的职业，让农村成为安居乐业的美丽家园，从而实现乡村发展历史性转变。

对于农业综合开发而言，建设田园综合体试点，打开了新的着力重点和职能空间。建设田园综合体包括生产、生活、生态、文化等多方面内容，本质在于“综合性”，农业综合开发的优势也在于“综合”，两者在内涵上是相互契合的。农业综合开发建设田园综合体试点，一方面，能够发挥农业综合开发的综合平台作用，通过打基础、强产业、优生态、扶主体、引科技等综合举措，全面提升田园综合体试点水平；另一方面，通过建设田园综合体试点，农业综合开发能够在更高的水平上发挥“综合”优势，从而继续保持自身的先进性和特色，为农业综合开发转型升级、创新发展打开突破口。

当前，我国城乡一体化发展步伐加快，一二三产业融合发展加速，社会资本向农业农村流动力度加大，新型农业经营主体实力不断加强，农村生产方式、经营方式、组织方式深刻调整，农业生产体系、产业体系、经营体系优化完善，农业农村发展处于前所未有的新方位，已到了转型升级、全面创新的新阶段，建设田园综合体顺应了农业农村发展趋势和历史性变化，反映了农业农村内部和外部的客观要求。

建设田园综合体对于培育农业农村发展新动能、加快城乡一体化步伐、推动农业农村实现历史性变革具有深刻的历史意义和重要的现实意义，提供一个机制创新和融合发展的新平台、新载体、新模式。

对于农业综合开发而言，建设田园综合体试点，打开了新的着力重点和职能空间。建设田园综合体包括生产、生活、生态、文化等多方面内容，本质在于“综合性”，农业综合开发的优势也在于“综合”，两者在内涵上是相互契合的。一方面，能够发挥农业综合开发的综合平台作用，通过打基础、强产业、优生态、扶主体、引科技等综合举措，全面提升田园综合体试点水平；另一方面，通过建设田园综合体试点，农业综合开发能够在更高的水平上发挥“综合”优势，从而继续保持自身的先进性和特色，为农业综合开发转型升级、创新发展打开突破口。

二、建设田园综合体的作用

（一）提升农村居民收入

通过田园综合体的建设，能够在一定程度上提升农村居民的收入，随着我国改革开放和城市化的不断推进，近年来对于城市的发展较为重视，但是对于农村的发展有所忽视，目前在我国形成了明显的城乡二元结构，这会进一步拉大城市和农村的差距。通过田园综合体的建设，将城市和农村很好地结合，能够让城市的资金和资源流入到农村中来，在一定程度上提升农村居民的收入。

（二）促进城乡产业融合

通过田园综合体的建设，能够促进城乡产业的融合，在我国以往的发展过程中侧重于城市的发展，在发展的过程中形成了明显的城乡二元结构，城市和农村在发展的过程中彼此的产业没有很好地融合在一起，这进一步拉大了城乡发展的差距。通过田园综合体的建设和发展能够促进呈现产业的融合，建设田园综合体的过程中需要城市的一些建筑施工队进行建设，同时田园综合体在发展的过程中需要城市各种物质资源的支持，这在一定程度上促进了城乡产业的融合。田园综合体在发展的过程中会有大量的城市居民到农村进行消费，这样能够让农村在发展的过程中将第一产业和第三产业融合，能够让两者之间形成良性的互动模式，能够充分发挥田园综合体自身的作用，促进农村产业结构优化，促进农村自身的发展。

（三）充分吸收农村劳动力

通过田园综合体能够充分吸收农村劳动力，这主要是因为在目前城市化发展的过程中有很多农村劳动力由于没有知识和技能，因此很难在城市中找到工作。同时农村的机械化程度在不断提升，因此农村在发展的过程中有很多剩余劳动力。在进行田园综合体建设和运行的过程中需要大量的人员帮助，在发展的过程中也需要大量的劳动力，这就在一定程度上吸收了农村剩余劳动力，能够在一定程度上发挥农村剩余的价值，同时能够促进田园综合体的发展。

（四）促进城乡文化的融合

通过田园综合体的建设能够在一定程度上促进城乡文化的融合，通过田园综合体的建设能够让城市居民更加深入地了解城市生活，同时城市居民在进行参观和旅游的过程中能够和农村居民进行交流，这能够在一定程度上促进城乡文化的交流和融合，能够进一步提升农村的发展水平，同时让城乡文化在交流的过程中促进彼此的繁荣。

从生产的层面来看，随着我国经济发展进入新常态，农业发展农民增收都面临一定的下行压力，传统农业园区发展模式固化，在土地、科技、服务、管理等方面面临瓶颈，转型升级遇到较大压力，迫切需要寻求推进农业农村发展的新抓手，打造三产融合的新平台，启动新旧动能转换的新引擎，充分释放生产力和生产关系的创新活力。

从生活的层面来看，城市化和工业化加速了农村空心化、老龄化，乡村社会功能退化，农村基本公共服务缺位，城乡差距不断拉大，农村成为城乡一体化和“新四化”发展中的突出短板。同时，城乡居民已具备为休闲观光、生态产品付费的能力，对乡村生态旅游、领略乡村文化、体验农耕文明等方面的需求与日俱增，培育和开发农业多功能性的需求和意识不断强化，迫切需要搭建新的业态平台来迎合需求、释放功能、满足新的城乡居民需要。

从生态的层面来看，农业在承担农民增收农村繁荣职能的同时，还要承担生态保护的功能，不仅要使农村成为“金山银山”的基础和源泉，更要成为“绿水青山”的保护区和栖居地，要使农村不仅享受城市文明的发展成果，更要保持农业文明的田园风光和独有魅力。

因此，中央提出建设田园综合体，不是在生产、生活和生态等领域单一的、局部的试点探索，而是对农业农村生产生活方式的全局性变革，是引领未来农业农村发展演变的重大政策创新。

从城市人群的角度看，田园综合体将成为高端人群的集聚地。在我国现代化发展较快的地区，作为主要潮流的城市化，和非主要潮流的逆城市化是共同存在的。特别是在沿海发达城市，逆城市化的主要群体是高端人群。可以预见，在较为发达的城市，郊区化现象将进一步扩散。而中国人传统的“田园”情结，也将吸引越来越多的人选择住在郊区，回归田园。

从乡村人群的角度看，田园综合体将成为新农村建设的新样本。我国农村幅员辽阔，要实现“农村美、产业兴、百姓富、生态优”的综合效益，应该选择聚居模式。但以往部分地区“赶农民上楼”的聚居模式，并不能满足广大农民的宜居愿望，也不符合中国乡村自古以来的田园居住特色。依托田园综合体，可以探索多元化的聚居模式，既保持田园特色，又实现现代居住功能。借助聚居功能，田园综合体也将成为实现城乡基础设施和公共服务均等化的最佳空间。

从涉农企业的角度看，田园综合体将成为农业供给侧结构性改革新的突破口。近些年来，我国将农业供给侧结构性改革作为转化“三农”发展动能的主要抓手，进行了多项改革尝试，取得了一定效果，积累了良好基础，特别是在“提质”方面，在优质农产品供给方面，取得了较大突破。下一步，如何将现有改革项目集聚、联动，形成精准发力、高起点突破的新引擎，在进一步“提质”的基础上做到“增效”，让农民充分受益，让投资者增加收益，将是“三农”领域改革面临的新挑战。田园综合体集循环农业、创意农业、农事体验于一体，以空间创新带动产业优化、链条延伸，有助于实现一二三产业深度融合，打造具有鲜明特色和竞争力的“新第六产业”，实现现有产业及载体（农庄、农场、农业园区、农业特色小镇等）的升级换代。

从乡村旅游角度看，田园综合体将成为乡村旅游从观光体验向浸染互动跨越的新动能。乡村旅游独具魅力，近年来创新花样繁多，但始终未解决“产、社、人、文、悟”诸要素在空间上的优化集聚问题。农庄、农场、农家乐等乡村旅游载体对乡村旅游要素的“综合度”还不够强，对人们期盼体验的“真实田园”营造不足，无法实现市民与田园“浸染互动”的体验层次，因此，其所激发的消费动力还处在表层。田园综合体的乡野氛围可以带给人们真实的田园体验，实现乡村旅游从观光到消费，从而带动乡村经济的发展。

三、田园综合体的自身特征

田园综合体是集现代农业、休闲旅游、田园社区为一体的特色小镇和乡村综合发展模式，是在城乡一体化格局下，顺应农村供给侧结构性改革、新型产业发展，结合农村产权制度改革，实现中国乡村现代化、新型城镇化、社会经济全面发展的一种可持续性模式。其主要特征如下：

（一）以旅游为先导

乡村旅游已成为当今世界性的潮流，田园综合体顺应这股大潮应运而生。看似淳朴实则丰富的乡村旅游资源需要匠心独运的开发。一段溪流、一座断桥、一棵古树、一处老宅、一块残碑都有诉说不尽的故事。乡村旅游以其自然的田园风光和独特的风俗民情形成富有乡野气息的乡村景观特质，成为吸引城市人来乡村旅游的一大亮点。

（二）以产业为核心

一个完善的田园综合体应是一个包含农、林、牧、渔、加工、制造、餐饮、酒店、仓储、保鲜、金融、工商、旅游及房地产等行业的三产融合体和城乡复合体。各级各类现代农业科技园、产业园、创业园，应适当向田园综合体布局，综合带动和平衡城乡经济的共同发展。

（三）以文化为灵魂

田园综合体要把当地世代形成的风土民情、乡规民约、民俗演艺等发掘出来，让人们可以体验农耕活动和乡村生活的苦乐与礼仪，以此引导人们重新思考生产与消费、城市与乡村、工业与农业的关系，从而产生符合自然规律的自警、自醒行为，在陶冶性情中自娱自乐，体现中华文化的博大精深。

（四）以流通基础为支撑

各种基础设施是启动田园综合体的先决条件，缺乏现代化的交通、通信、物流、人流、信息流，一个地方就无法实现与外部世界的联系沟通，乡村偏僻的地理位置被阻隔世外，就无法与外部更广阔的地域结合在一起形成一个向外开放的经济空间。

（五）以体验为价值

田园综合体是生产、生活、生态及生命的综合体。田园综合体通过把农业和乡村作为绿色发展的根本，让人们从中感受和参与农业劳动的乐趣，在游乐中体验绿色发展的魅力。

（六）以乡村复兴为目标

在工业化和城市化的初始阶段，农业和乡村与国家和社会的落后往往紧密地联系在一起，城市化和工业化的过程就是乡村年轻人大量流出的过程和老龄化的过程、放弃耕作的过程和农业衰退的过程，以及乡村社会功能退化的过程。田园综合体是乡与城的结合、农与工的结合、传统与现代的结合、生产与生活的结合，以乡村复兴和再造为目标，通过吸引各种资源与凝聚人心，给那些日渐萧条的乡村注入新的活力，重新激活价值、信仰、灵感和认同的归属。开展田园综合体要坚持以农为本，以保护耕地为前提，提升农业综合生产能力。要保持农村田园风光，保护好青山绿水，实现生态可持续，要确保农民参与和受益，带动农民持续稳定增收。

当前，我国城乡一体化发展步伐加快，一二三产业融合发展加速，社会资本向农业农村流动力度加大，新型农业经营主体实力不断加强，农村生产方式、经营方式、组织方式深刻调整，农业生产体系、产业体系、经营体系优化完善，农业农村发展处于前所未有的新方位，已到了转型升级、全面创新的阶段，建设田园综合体顺应了农业农村发展趋势和历史性变化，反映了农业农村内部和外部的客观要求。

四、田园综合体的发展特性

（一）功能复合性

产业经济结构多元化，由单一产业向一二三产业联动发展，从单一产品到综合休闲度假产品开发升级，从传统住宅到田园体验度假、养老养生等为一体的休闲综合地产的土地开发模式升级。在一定的地域空间内，将现代农业生产空间、居民生活空间、游客游憩空间、生态涵养发展空间等功能板块进行组合，并在各部分间建立一种相互依存、相互裨益的能动关系，从而形成一个多功能、高效率、复杂而统一的田园综合体。而现代农业无疑是田园综合体可持续发展的核心驱动。

（二）开发园区化

田园综合体作为原住民、新移民、游客的共同活动空间，在充分考虑原住民的收入持续增收的同时，还要保证外来客群源源不断的输入，既要有相对完善的内外部交通条件，又要有充裕的开发空间和有吸引力的田园景观和文化等。田园综合体做成的方式、选址方式、产业之间关联度、项目内容如何共存；运营模式、物质循环、产品关联度、品牌形象都需要考虑。

（三）主体多元化

田园综合体的出发点是主张以一种可以让企业参与、城市元素与乡村结合、多方共建的“开发”方式，创新城乡发展，促进产业加速变革、农民收入稳步增长和新农村建设稳步推进，重塑中国乡村的美丽田园、美丽小镇。一方面强调跟原住民的合作，坚持农民合作社的主体地位，农民合作社利用其与农民天然的利益联结机制，使农民不仅参与田园综合体的建设过程，还能享受现代农业产业效益、资产收益的增长等。另一方面强调城乡互动，秉持开放、共建思维，着力解决“原来的人”“新来的人”“偶尔会来的人”等几类人群的需求。

近年来，国内休闲农业与乡村旅游热情正盛，而田园综合体作为休闲农业与乡村游升级的发展模式，更多体现的是农业结合园区的发展思路，是将农业链条做深做透，未来还会将发展进一步拓宽至科技、健康、物流等更多维度。未来很长一段时间，“农业”结合“园区”的田园综合体模式将会大放异彩。

五、田园综合体的发展模式

（一）发展乡村休闲旅游产业

乡村休闲旅游的元素非常多，包括山水自然及田园风光、古村古街与古建、农耕用具与农耕文化、民俗风情、民间小吃、民居老宅、乡村风水文化、民间娱乐文化、民间遗产文化、农业劳作过程与农业生产过程等。特别是近几年比较受欢迎的乡村“民宿”更是凸显其乡村休闲功能。乡村休闲旅游是一种综合一体化的现代乡村休闲旅游模式，简单来说，就是要让游客来到乡村之后休闲放松、参与体验、度假生活等，其实核心是如何吸引人的兴趣和停留。而田园综合体包含的创意农业、农事体验正是乡村休闲旅游产业不可或缺的吸引亮点。

（二）建设乡村养生养老基地

近来年，随着城市生活压力的加大，追求绿色生态美丽乡村生活成为市民的一大时尚，清新的空气、洁净的水源、新鲜且无污染的食物、缓慢的生活节奏都是都市人追求的养生必要元素。

养老养生度假旅游是一种休闲度假形式，已经受到越来越多人的青睐，各个年龄段的消费群体都非常多。养生养老是一种产业，而度假产业在其中有着重要的作用，而丰富的田园综合体的产品则能丰富整个养生养老的过程，如生态环保的循环农业所生产的食物，农事体验如采摘、园艺活动所带来的乐趣，等等。

中央一号文件明确指出，丰富乡村旅游业态和产品，打造各类主题乡村旅游目的地和精品线路，发展富有乡村特色的民宿和养生养老基地。鼓励农村集体经济组织创办乡村旅游合作社，或与社会资本联办乡村旅游企业。多渠道筹集建设资金，大力改善休闲农业、乡村旅游、森林康养公共服务设施条件，在重点村优先实现宽带全覆盖。

(三)培育宜居宜业的农业特色小镇

中央一号文件中提及旅游部分的内容,其中重点指出大力发展乡村休闲旅游产业和培育宜居宜业特色小镇。即围绕有基础、有特色、有潜力的产业,建设一批农业文化旅游"三位一体"、生产生活生态同步改善、一产二产三产深度融合的特色小镇。支持各地加强特色小镇产业支撑、基础设施、公共服务、环境风貌等建设。打造"一村一品"升级版,发展各具特色的产业小镇。

农业生产是发展的基础,通过现代高科技农业种植技术的引入提升农业附加值;乡村休闲旅游产业依附于农业,需要与农业相结合才能呈现出具有田园特色的项目;此外,如果能充分挖掘并且包装乡村的人文风景、历史文化,通过创意的加持,文化的加持,赋予田园更多的内涵。在开发农业特色小镇项目时,我们应该充分发挥这个乡镇的新型产业优势,如果这个乡镇本身有手工艺、农产品土特产或文化符号等一些可以吸引人们来休闲旅游的要素,这些要素就是可以被传播、采纳、加工售卖的,因此我们更要注重对这些地方产业特色或文化特色的一种再挖掘,充分展现文旅和休闲项目的魅力。

"田园综合体"做的是田园旅游和乡村旅游,它作为新型城镇化发展的一种动力,通过新型城镇化发展一、二、三产业,人居环境发展,使文化旅游产业和城镇化得到完美的统一。因此,"田园综合体"是与"旅游产业"相辅相成存在的。

总之,"田园综合体"强调其作为一种新型产业的综合价值,包括农业生产交易、乡村旅游休闲度假、田园娱乐体验、田园生态享乐居住等复合功能。

"田园综合体"和旅游产业的发展是相辅相成的,"田园综合体"开发成功与否最关键是看休闲旅游产业是否能够带动新城镇的发展。

农业生产是发展的基础,通过现代高科技农法的引入提升农业附加值;休闲旅游产业依附于农业,需要与农业相结合才能呈现出具有田园特色的文旅项目;房地产及相关产业的发展又依赖于农业和休闲旅游产业,从而形成以田园风貌为基底并融合了现代都市时尚元素的田园社区。“田园综合体”做的是田园旅游和乡村旅游,把它作为新型城镇化发展的一种动力,通过新型城镇化发展连带产业、人居环境发展,使文化旅游产业和城镇化得到完美的统一。

六、田园综合体的建设理念

一是突出“为农”理念,坚持以农为本,广泛受益。建设田园综合体要以保护耕地为前提,提升农业综合生产力,在保障粮食安全的基础上,发展现代农业,促进产业融合,提高农业综合效益和竞争力。要使农民全程参与田园综合体建设过程,强化涉农企业、合作社和农民之间的利益联结机制,带动农民从三产融合和三生统筹中广泛受益。

二是突出“融合”理念,坚持产业引领,三产融合。田园综合体体现的是各种资源要素的融合,核心是一二三产业的融合。一个完善的田园综合体应是一个包含了农、林、牧、渔、加工、制造、餐饮、仓储、金融、旅游、康养等各行业的三产融合体和城乡复合体。要通过一二三产业的深度融合,带动田园综合体资源聚合、功能整合和要素融合,使得城与乡、农与工、生产生活生态、传统与现代在田园综合体中相得益彰。

三是突出“生态”理念,坚持生态优先,三生(生产、生活、生态)统筹。生态是田园综合体的根本立足点。要把生态的理念贯穿于田园综合体的内涵和外延之中,要保持农村田园生态风光,保护好青山绿水,留住乡愁,实现生态可持续。要建设循环农业模式,在生产生活层面都要构建起一个完整的生态循环链条,使田园综合体成为一个按照自然规律运行的绿色发展模式。将生态绿色理念牢牢根植在田园综合体之中,始终保持生产、生活、生态统筹发展。

四是突出“创新”理念,坚持因地制宜,特色创意。田园综合体是一种建立在各地实践探索雏形基础上的新生事物，没有统一的建设模式，也没有一个固定的规划设计，要坚持因地制宜、突出特色，注重保护和发扬原汁原味的特色，而非移植复制和同质化竞争。要立足当地实际，在政策扶持、资金投入、土地保障、管理机制上探索创新举措，鼓励创意农业、特色农业，积极发展创新理念，激发田园综合体建设活力。

五是突出“持续”理念，坚持内生动力，可持续发展。田园综合体是具有多元功能、具有强大生命力的农业发展综合体，要围绕推进农业供给侧结构性改革，以市场需求为导向，集聚要素资源激发内生动力，更好地满足城乡居民需要，健全运行体系，激发发展活力，在各建设主体各有侧重、各取所需的基础上，为农业、农村、农民探索出一套可推广、可复制、可持续的全新生产生活方式。

七、田园综合体的建设原则

田园综合体在我国起步较晚，在发展中摸索规律，总的来说田园综合体建设有以下四个基本原则。

（一）坚持以农为本

要以保护耕地为前提，提升农业综合生产能力，突出农业特色，发展现代农业，促进产业融合，提高农业综合效益和现代化水平；要保持农村田园风光，留住乡愁，保护好青山绿水，实现生态可持续；要确保农民参与和受益，着力构建企业、合作社和农民利益联结机制，带动农民持续稳定增收，让农民充分分享田园综合体发展成果。

（二）坚持共同发展

要充分发挥农村集体组织在乡村建设治理中的主体作用，通过农村集体组织、农民合作社等渠道让农民参与田园综合体建设进程，提高区域内公共服务的质量和水平，逐步实现农村社区化管理；要把探索发展集体经济作为产业发展的重要途径，积极盘活农村集体资产，发展多种形式的股份合作，增强和壮大集体经济发展活力和实力，真正让农民分享集体经济发展和农村改革成果。

（三）坚持市场主导

按照政府引导、企业参与、市场化运作的要求，创新建设模式、管理方式和服务手段，全面激活市场、激活要素、激活主体，调动多元化主体共同推动田园综合体建设的积极性。政府重点做好顶层设计、提供公共服务等工作，防止大包大揽。政府投入要围绕改善农民生产生活条件，提高产业发展能力，重点补齐基础设施、公共服务、生态环境短板，提高区域内居民特别是农民的获得感和幸福感。

（四）坚持循序渐进

要依托现有农村资源，特别是要统筹运用好农业综合开发、美丽乡村等建设成果，从各地实际出发，遵循客观规律，循序渐进，挖掘特色优势，体现区域差异性，提倡形态多元性，建设模式多样性；要创新发展理念，优化功能定位，探索一条特色鲜明、宜居宜业、惠及各方的田园综合体建设和发展之路，实现可持续、可复制、可推广。

八、田园综合体的建设内容

田园综合体建设并不是传统意义的乡村建设，也不是单纯的休闲农业园区建设，其核心是农民，必须让农民充分参与和受益，开展田园综合体建设，一定要抓住农民这个主体，才能有效地把政府、资本、市场三方的力量糅合到一起，形成田园综合体的理想模式。田园休闲综合体建设一般包含农业景观区、休闲聚集区、农业生产区、生活居住区、村社服务区 5 个基本功能区。

一是农业景观区。农业景观区是以农村田园景观、农业生产活动和特色农产品为休闲吸引物，开发不同特色的主题观光活动的区域，是吸引人气、提升田园综合体效益的关键所在。我国农业文明历史悠久，气候及地貌类型复杂多样，各地农业生产差异明显，孕育了丰富的农业景观资源。合理地利用当地资源环境，现代农业设施、农业生产过程、优质农产品等，开发特色园圃等农事景观，让游客观看绿色景观，亲近美好自然。

二是休闲聚集区。休闲聚集区是为满足农业景观区带来人流的各种休闲需求而设置综合休闲产品体系，实际上是各种体验活动的聚集，包括利用农村奇异的山水、绿色的森林、生态的湿地，发展观山、赏景、登山、玩水等休闲体验活动等，以及其他的休闲体验项目。休闲聚集区使城乡居民能够深入农村特色的生活空间，体验乡村风情活动，享受休闲体验带来的乐趣。

三是农业生产区。农业生产区主要从事种植养殖的生产活动，具有调节田园综合体微型气候、增加休闲空间的作用。通常选在田间水利设施完善，田地平整肥沃、水利设施配套、田间道路畅通的区域，结合我国特色农产品区域布局规划，遴选合适的种养品种，形成自己的特色农业生产内容。

四是生活居住区。生活居住区是田园综合体迈向新型城镇化结构的重要支撑。农民在田园综合体平台上参与农业生产劳动、休闲项目经营，承担相应的分工，又生活于其中。田园综合体各要素的延伸，带动休闲产业发展，形成以农业为基础，休闲为支撑的综合产业平台，通过产业融合与产业聚集，引导人员聚集，形成当地农民社区化居住生活、产业工人聚集居住生活、外来休闲旅游居住生活三类人口相对集中的居住生活区域，从而形成了依托田园综合体的新人口聚集区，构建乡村的人口基础。

五是村社服务区。村社服务区是田园综合体必须具备的配套支撑功能区。它服务于农业、加工业、休闲产业的金融、技术、物流等需求，同时也服务于生活居住区居民的医疗、教育、商业等需要，这些功能不是机械地相加，而是功能的融合，从而形成城乡一体化发展要求背景下的新型城镇化公共村社服务区。

九、田园综合体的功能分区

通常来讲，田园综合体一般可分为以下八大功能分区。

(一)农业生产区——大田园农业生产空间

定位：生产性主要功能部分，为综合体发展和运行提供产业支撑和发展动力的核心区域。

功能：农业生产区主要从事种植养殖的生产活动，具有调节田园综合体微型气候、增加休闲空间的作用。

选址：通常选在田间水利设施完善，田地平整肥沃、水利设施配套、田间道路畅通的区域。

规划：结合我国特色农产品区域布局规划，遴选合适的种养品种，形成自己的特色农业生产内容。农业生产片区的规划要有规模效应，能最大化地尊重场地肌理，满足农作物四季种植的要求；尽量满足机械化种植的需求；同时考虑机耕道的要求与四季产业的耕作规划。让游人认识农业生产全过程，在参与农事活动中充分体验农业生产的乐趣。还可以开展生态农业示范、农业科普教育示范、农业科技示范等项目。

(二)农业景观区——吸引人气的核心田园空间

定位：吸引人流、提升土地价值的关键，以田园景观、农业生产和优质农产品为基础的主题观光区域。

功能：农业景观区是以农村田园景观、农业生产活动和特色农产品为休闲吸引物，开发不同特色的主题观光活动的区域。

要素：利用当地资源环境开发特色园圃等农事景观，让游客观看绿色景观，亲近自然。此外，现代农业设施、农业生产过程、农产品展示等也是构成农业特色的景观要素。

规划：核心景观片区的规划布局要突出的景观主题，规划主体性景观及特殊的游览方式(线路、节点)，依托观赏型农田、名优瓜果园，观赏苗木、花卉展示区，湿地风光区，山水风光区等自然景观区，使游人身临其境地感受田园风光和体会田园乡村休闲农业的魅力。

（三）现代农业产业园区——农业产业链现代化延伸

定位：以农业产业园区的方式发展现代化农业，实现农业现代化和规模化经营。

功能：农业产业园区主要从事种养殖生产，以及农产品加工、推介、销售，农产品研发等，形成完整的产业链，一般面积较大。农业产业园是田园综合体形成的基础。

规划：现代农业产业园区应发展循环农业、设施农业、特色农业、无土农业、外向型农业、休闲农业、创意农业等新型农业，发展生物工程技术。现代农业产业园区可包括现代农业产业园、现代农业科技园、现代农业创业园等。现代农业产业园以生产为主，也可包含部分农业科普教育及现代农业观光的内容。

（四）生活居住区——实现城镇化的核心承载片区

定位：城镇化主要功能部分，农民、工人、旅行者等人口相对集中的居住生活区域。

功能：生活居住区是田园综合体迈向新型城镇化结构的重要支撑。农民在田园综合体平台上参与农业生产劳动、休闲项目经营，承担相应的分工，又生活于其中。

规划：重点考量由于田园综合体各要素的延伸，带动休闲产业发展，形成以农业为基础，休闲为支撑的综合产业平台，通过产业融合与产业聚集，引导人员聚集，形成当地农民社区化居住生活、产业工人聚集居住生活、外来休闲旅游居住生活三类人口相对集中的居住生活区域，从而形成了依托田园综合体的新人口聚集区，构建了乡村的人口基础。

（五）农业科普教育及农事体验区——承载农业文化内涵与教育功能重要区域

定位：都市青少年为主体的家庭单元。

功能：满足多样化、趣味化客源各种需求，增加参与性，凸显农业文化与教育功能。

规划：可划出专门的区域，设置现代农业博物馆、现代农业示范区、传统农业体验区、动植物园、环境自然教育公园、市民农场、创意农业展示区等与休闲游憩体验相结合。传统农业体验区以乡野田园风光、传统农业生产活动、手工作坊、农家生活和习俗等，吸引青少年对农业观光的兴趣和对乡村文化的了解，有古村落的地方要加以传承和保护。

（六）乡镇休闲及乡村度假区——满足游客农业创意活动的休闲空间

定位：创意农业休闲片区是游人能够深入体验农业创意的特色生活空间。

功能：满足客源各种需要，使城乡居民能够更深入地体验乡村风情活动，享受休闲创意农业带来的生活乐趣。

规划：主要利用乡村的山地、森林、溪流、水库、湖泊、湿地、居民点及乡村文化等，开展各种各样的户外活动及娱乐活动，如登山、徒步、山地自行车、漂流、野营、垂钓、划船、园艺、拓展、CS及各种文化娱乐活动。可设立专门的乡村自然游憩公园及户外运动公园。有条件的地区可建乡村度假村，包括乡村文化民宿、乡村酒店、小木屋、别墅、农业庄园等。农业庄园应体现“崇尚自然、高端文化、优雅生活、独立空间”的特点。乡村度假村应满足人们回归自然，归隐田园的需求。

（七）产城一体服务配套区——提供服务、保障的核心区域

定位：产城一体服务的主要服务功能部分，为当地农民、工人以及旅行者等提供服务、保障的核心区域（图3-1）。

功能：产城一体服务配套区是田园综合体必须具备的配套支撑功能区，为综合体各项功能和组织运行提供服务和保障的功能区域。

规划：通过合理的规划将交通、给排水、电力等基础设施和教育、医疗卫生、体育、社会福利、商业金融服务等公共服务建设有机结合，并打造出自身特色。从建筑和景观小品以及配套基础设施上充分挖掘当地的文化和特色，避免千村一面。建立服务于农业、加工业、休闲、金融、物流等产业发展需求，综合服务于居住区居民的医疗、教育、商业等生活需要。

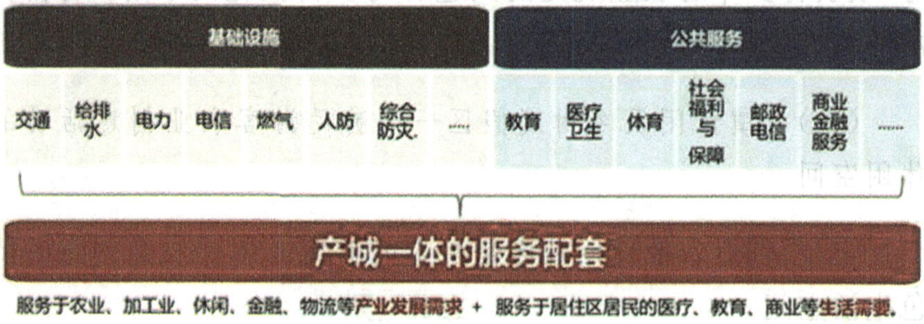

图 3-1　产城一体的服务配套模式图

（八）衍生产业区——田园综合体高级发展模式试点区

定位：田园综合体高级发展模式，实现各种延伸产业链，打造多元产业融合。

功能：拓展田园综合体的基础产业，打造多产业融合共同促进经济增长。

规划：田园综合体在规划建设中，在关注农业基础、关注农民利益的基础上，发展衍生特色产业，延伸产业链，打造多元产业融合。可发展的产业要具有农业及区域文化相关性，如旅游产业、文化创意产业、养生养老产业、农业相关文化地产业等，并可发展一些新兴产业，如互联网农业、体育产业、影视产业、科教产业等。

这八大功能分区不仅保证了在综合体内居民的生活，更让田园综合体有更多的可能性让田园综合体有更大的经济增长点。乡村具有大量的空隙，但是具有经济效益的土地根据上面的功能分区更有利于开发乡村剩余土地的经济效益。

十、文化在田园综合体建设中的重要性

城市是人类社会发展的产物，而乡村作为城市的起源。在每个时代、每个地域都在城乡的发展史上留下了自己的痕迹和烙印，而这些延续的历史痕迹，是人们赖以生存的精神寄托和无价之宝。“田园综合体”不应只是包括良好的生态环境、合理的产业结构模式，还应包括历史文化的传承和发展。既能反映城乡群众对美好人居环境与和谐社会的向往和追求，又能体现我国传统文化的美好。在城乡规划设计中合理利用现代设计手法，保护城乡原有风貌特质和肌理的和谐，延续历史的文脉，增强地域的凝聚力和竞争力，是现代田园综合体设计中亟待解决的重要问题之一。

（一）地域文化

以某一地区内特定地理环境为基础，人类生产生活活动为因素，产生在特定历史时期的地域文化。这种地域文化由有形的物质空间载体和无形的文化价值体系共同构成。物质空间载体是地域文化物化后的直观表现，而传统、风俗、习惯则形成无形的地域文化系统，并潜移默化地影响后人思想观念和生活习惯。

地域文化的形成是一个长期的过程，有其鲜明的特征和识别性，但也是不断发展变化的，但在一定阶段具有相对的稳定性和可识别性。在田园综合体设计中合理地凸显地域文化，有利于凸显自身特色，避免千篇一律。

（二）我国城乡发展过程中文化的迷失

1. 城乡快速发展的文化遗失

在国家政策的指引下，全国掀起了建设美丽乡村、特色小镇的热潮，而城乡发展过快，缺乏长远、理性的考虑，致使城乡的文化主题失衡，导致“千村一面、特色危机”的问题逐渐显现。

首先，在城中村、乡镇拆迁过程中，部分能够起到传承当地文化的传统民居保护力度不够，甚至有的被拆除，直接造成城乡历史文脉、传统意象的中断，从而导致城乡历史形象与文化形象的丧失。

其次，许多地方为了缩小城乡之间的住房差距，一味追求钢筋混凝土的模式化现代住宅设计，在某种程度上扼杀了地域性建筑特性。

最后，许多城乡在规划设计过程中，盲目模仿西方理性主义功能分区。尤其是一些乡镇舍弃自己深厚的传统地域文化，一味吸取外来文化，为创造一个新型乡镇特色，使乡镇变得单调乏味，缺乏历史印记。

2. 西方文化的过度崇尚

乡村没有历史文化的传承，是西方功能主义演变的结果。改革开放以来，伴随着先进科技的引进，西方发达国家外来文化也慢慢渗透。

20 世纪 80 年代以后，城市建设进入高速发展的时期，房地产市场蓬勃发展、城市中心重建、老旧城区扩建等，中国城市的面貌发生了翻天覆地的变化。宏伟的建筑、新型城镇被设计为城市形象建设，以此吸引更多的国内外投资来到城镇，国内出现了很多西方化的城镇形态。由于在城乡发展过程中，我国缺乏社会文化理念的支撑，文化价值取向标准混乱，导致国民对西方文化的过度崇尚，忽视了自身传统文化的继承与发展。

（三）地域文化传承的重要性

1. 唤醒居民的美好回忆

我国地域广阔，不同的地域产生不同的文化，这种地域性反映在生活的方方面面，这不仅展现在物质化的客体中，还存留在当地人们的思维中。在田园综合体的规划设计中通过各种空间、场景反映其地域文化，不仅可以凸显其地域性，也可以唤醒居民对地域文化的美好回忆。

2. 突出地域文化特色，传承中国文化

2017年10月18日召开的中国共产党第十九次全国代表大会上提出要实施乡村振兴战略，并指出“要坚持农业农村优先发展，按照产业兴旺、生态宜居、乡风文明、治理有效、生活富裕的总要求，建立健全城乡融合发展体制机制和政策体系，加快推进农业农村现代化”。在乡村振兴战略下，田园综合体的概念逐渐被社会知晓，要实现十九大提出的生态文明体制改革，建设美丽中国奋斗目标，除了需加快美丽乡村生态策略的研究，还应进行传统的地域性文化特征研究，保证乡风的传承。

地域性文化的传承作为城乡发展的重要内容之一，对于城乡文化的认同与发展具有重要的意义。当下，我国城乡设计应把地域性的文化底蕴和现代化的设计理念相结合，将田园综合体回归到地域性文化上。中国地域性传统文化是我国每个地区特有的资源，在城乡发展过程中如果加大地域性文化的保护和利用，将更有利于城乡的可持续发展，只有这样我们才能真正建设一个更加和谐美好的田园综合体。

十一、总结

综上所述，田园综合体是以乡村的复兴与再造为目标，通过吸引、整合各类资源带动乡村经济增长，提高乡村景观环境，给日渐萧条的乡村传统生活方式注入新的活力，是一种传统与现代的结合、城与乡的结合、工与农的结合、生产与生活的结合。一个成熟的田园综合体应该是一个涵盖农、林、牧、渔、生产、加工、制造、餐饮、酒店、仓储、物流、金融、工商、旅游、地产等行业的产业融合体和城乡复合体。

田园综合体的发展要最大限度地保持乡村田园风光的原汁原味，保护好绿水青山，实现生态文明建设的可持续发展；要坚持以农为本、以乡为根，以保护耕地为基础，提升带动整个农业的综合生产力；要确保农民的参与积极性和受益来源，带动农民持续稳定增收，脱贫致富，让农民共同分享发展成果和获得的喜悦。同时也要给来此参观旅游的城市游客留下深刻的印象和美好难忘的旅游体验。

随着田园综合体项目在全国遍地开花，其发展运作并步入成熟阶段，形成一个巨大的产业经济网、地理坐标网、智能操控网和文化互通网，每一个田园综合体都是其中的一个节点，将各节点连接起来，就形成了一个区域整体性的田园综合体集群。将田园综合体集群与区域城市群联系起来，就形成了区域代表性的新城乡竞争力。也可以说，田园综合体集群和区域城市群分别代表着两种不同类型的产业集群模式和文化集群模式，在这两种模式之间还可以形成一种互通平衡，它的产生将有利于整个宏观经济的内部协调，意义深远。

第四章　国内田园综合体现状及案例实践

第一节　国内现状

一、国内乡村景观的现状与不足

中国乡村景观研究从20世纪80年代开始研究，起步晚，基础薄弱，相比发达国家，乡村景观研究又是一个比较新的领域。城市化进程的推进对乡村景观的影响以及推崇乡村旅游开发，乡村景观也出现了一系列的问题。

（一）认为“新”的就是好的

新农村的“新”并非是简单理解成一切都推倒重来，盖新楼房、建新广场、修新马路等，在笔者调研的过程中，发现一些古村落为了最求“新”潮流，居然在古建筑内统一铺设地板砖，在古街区统一水泥路面硬化等情况。新农村的“新”应该站在新时代、开创新思路、运用新规划理念。历史证明农村的景观是需要时间沉淀的，乡村景观在运用这些新规划理念的同时应注意对体现乡村文化特质的“旧”街区、建筑、戏台等进行保护。

（二）片面追求“城市景观”

随着城市化进程的加快，城市对农村的影响越来越大。大部分人片面地认为城市的就是最好的、最美的、先进的、有面子等，在新农村景观建设时一味向城市学习，不假思索地把新农村景观建设简单理解为物质空间的建设，将适合城市设计的景观照搬到农村的景观设计当中。建高楼洋房、大广场、修宽马路、引进名贵树种、大规模使用草坪、蜿蜒曲折的河道被简单地裁弯取直、有数年历史背景的祖先祠堂被拆除等。

（三）崇洋思想严重

近些年，西方对我国文化和思想的冲击使广大农村地区的居民也跟着盲目崇拜，在这片土地上出现了西方的欧式建筑，破坏农村独特的文化内涵，将我们一脉相承的文化割裂。不可否认，国外对农村景观的研究开展得比较早，我们可以学习和借鉴其经验，但是国与国的情况不同，包括经济、文化底蕴、气候条件、地形地貌、植被等，需要综合考虑、统筹规划才能取得好的景观效果。而在考察时部分新村却把国外的式样直接照搬，建成所谓的“洋楼”，形成不伦不类的“西班牙村”“荷兰村”“法国村”等。古人留下的乡土遗产景观被西方的文化所充斥，不仅割裂了植根于我们土地的历史文脉，更使得本土的东西得不到继承和发扬，造成地域文化载体的丧失，这种做法是绝对不可取的。

（四）乡村传统文化丧失

经济的快速发展和现代生活方式的影响，人们忽略了历史和传统文化的保护，盲目拆迁旧的建立新的，照搬城市景观的风格。传统的农村景观已被严重损坏，丢失了各地的特点和优势，导致在部分地区自然和谐、生活活泼的传统生活环境特点丧失殆尽。

二、国内乡村景观与田园综合体

随着乡村景观一系列问题的出现，近些年乡村景观的研究热点集中到生态学、乡村聚落、土地资源利用以及农村城镇化等问题上来，逐步演化为田园综合体。田园综合体建设离不开乡村景观，在某种意义上说，田园综合体和乡村景观是相辅相成的关系，既相互促进又相互影响，一方面田园综合体带动经济的发展，为乡村景观发展起到一定的促进作用，甚至田园综合体的发展会对乡村景观的发展起到整合的作用。另一方面，乡村景观的发展又为田园综合体建设提供了广阔的田园风光背景。两者互相辉映。在我国建设田园综合体已成为中国的一个热点，但由于起步晚，仍处于摸索阶段，还存在许多不足。

三、田园综合体三大需求

国家重视“田园综合体”主要体现在三个方面：即农业转型的需求，城镇化发展的需求以及可持续发展的需求（图 4-1）。

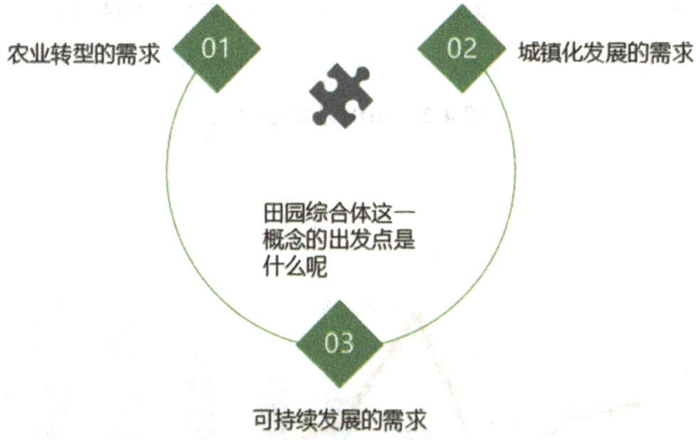

图 4-1 田园综合体三大需求

（一）农业转型的需求

中国作为农业大国，根据 2016 年人口普查的数据，现阶段有 5.89 亿（占总人口的 42.65%）的农村人口，外出务工农民有 1.6 亿，本地务工农民 1.2 亿。农村留守的多为老人和孩子，空巢现象非常严重，带来不少社会问题。另外，中国有 18 亿亩的耕地红线，根据国家统计局的数据，2016 年中国有耕地 20.25 亿亩。在现有条件下，要保住红线，把农业用地转成其他用途已经几无空间。

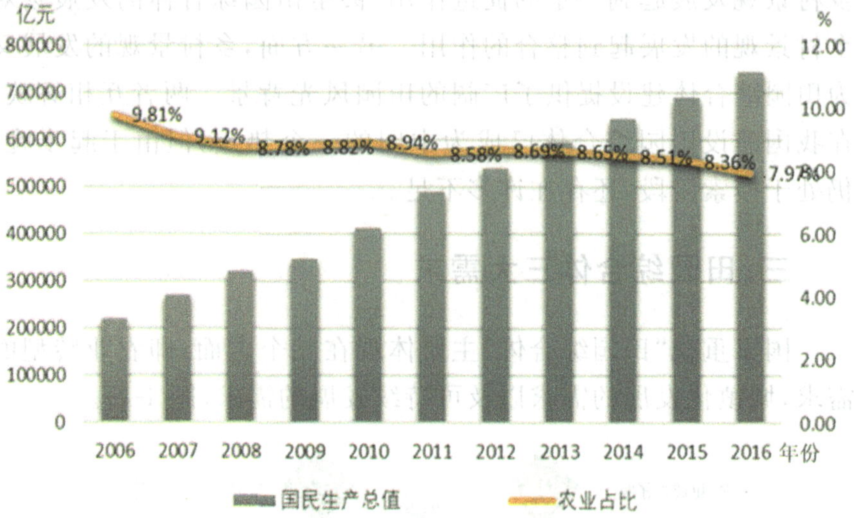

图 4-2 GDP 及农业占比

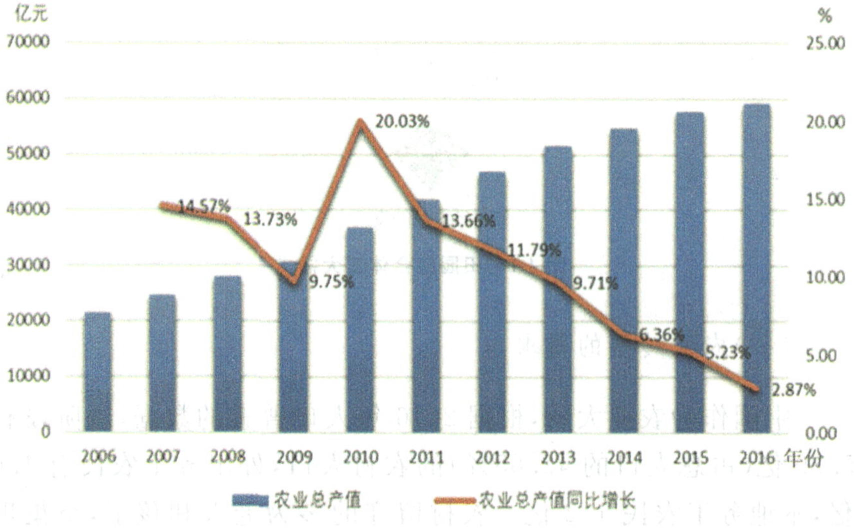

图 4-3 农业生产总值及增长

如图 4-2、图 4-3 所示，近几年，农业生产总值同比增长逐步放缓，2016 年的农业生产总值同比增长只有 2.87%，远低于 2016 年中国 GDP 同比增长 6.7%的水平。农业总产值占国民生产总值的比重也逐年降低，2016 年仅占国民生产总值的 7.97%。按照这个趋势，农业发展将进一步放缓，农业生产总值占比也将进一步降低。这对拥有众多农业人口的中国来说,不仅是一个经济问题,也不利于社会公平和稳定。

留住农村人口,保证有一定的人进行耕作活动这是当代一个重要的命题,田园综合体能够保证一定的耕作用地的同时能够保留一定的人口进行耕作活动,因此田园综合体在农业方面也是一个重要的解决方法。

(二)城镇化发展的需求

提高城镇化水平仍是当前我国经济社会发展的一个目标,但是,城镇化建设并不是简单的农村人口往城镇迁徙,城镇化建设过程当中需要考虑到城镇基础设施的配套情况、城镇为了接纳农村人口而进行重新规划、农村人口就业和社会保障、农村人口的转移带来的农业用地的荒废等问题。

田园综合体作为农村城镇化建设的新思路,可以主动使农村的基础设施建设向城镇靠齐,将农村改造成新型的田园小镇,从而缓解农村人口迁移带来的巨大压力和诸多矛盾,同时也可以为农村的就业提供新的机会。这也是国家新出台政策中多次提出土地确权、流转、盘活的原因之一。

(三)可持续发展的需求

由于常年粗放式的农业种植,目前我国农业可持续发展面临重大挑战(部分数据来自国家部委相关报告)。

(1)耕地质量下降严重,如黑土层变薄、土壤酸化、耕作层变浅等问题日益凸显。同时作为一个缺水国家,农田水利用效率却远低于发达国家,造成地下水超采严重(特别是华北和西北地区)。

(2)环境污染问题突出,全国土壤主要污染物点位超标率为16.1%。不仅有大量的化肥、农药、除草剂等长期滥用,农膜回收率也不足三分之二,还有工业“三废”和城市生活污染在农村扩散。

(3)生态系统退化明显,全国水土流失面积达 295 万平方公里,沙化土地 173 万平方公里,石漠化面积 12 万平方公里。传统农业粗放式的生产方式导致农田生态系统结构失衡、功能退化,生物多样性也受到威胁。

继续在传统农业这一条路上深耕,已经不符合社会发展的趋势。科技的发展带来了现代农业的快速发展,不仅农业生产效率快速提高,同时推进生态循环农业发展,各类污染物残留和排放也会大大降低,渐渐优化土地的肥力和生态功能。

第二节 国内案例分析

一、江苏无锡阳山田园东方

无锡阳山田园东方位于江苏无锡阳山镇,是国内落地实践的第一个田园综合体项目。2012 年,在"中国水蜜桃之乡"无锡市惠山区阳山镇的大力支持下,田园东方产业集团落地,实现内地第一个田园综合体项目——无锡田园东方。田园东方项目规模 6246 亩,是集现代农业、休闲旅游、田园社区等产业为一体的田园综合体,分农业、文旅和居住三部分,同时包括内在的复合业态。

江苏无锡市阳山镇地势平坦开阔,东南部与西南部分别与阳山镇老镇区和新镇区相接,新长铁路穿过其南部,总面积约占镇区总面积的 1/10。原有村落格局保留较好;种植有万亩桃林,以水蜜桃闻名华东地区;镇内拥有死火山风貌的大小阳山、千年古刹宗寺、百年书院以及优美的生态自然景观。可以说,阳山整体的 田园基底要素非常优良。

田园东方项目在原有的拾房村、鸿桥村、住基村的基础上进行保护性建设。当地农户历来以水蜜桃种植和水产养殖为主,一个个乡村散落在大片农地之中,桃林、塘前、河边、桃畔、屋下、田间,处处散发着浓郁的田园、自然、静谧的气息,与自然呈现良好的共生关系。但是,如此丰富的资源,却一直闲置,没有被发掘,更缺乏一个功能有效整合的商业模式推动此地可持续发展。于是,当原有的耕作方式已难以为继时,整片村落陷入破败落后的状况。

2013年,设计团队引入 田园综合体的商业模式和空间结构,重塑阳山的乡村发展格局。对照各大城市中的城市综合体模式,在乡村地带,提出田园综合体概念的探索:它是以田园生产、田园生活和田园景观为核心组织要素,多产业多功能邮寄结合的空间实体,其核心价值是满足人回归乡土的需求:让城市人流、知识流反哺乡村,促进乡村经济的发展。初衷是在城乡演替中实现回归田园、建设美丽乡村的梦想。在这个过程中,田园空间与居住工作空间的有机结合、农业产业功能与休闲功能的有机结合、农业产业功能与文化产业的有机结合、乡村建筑空间与新型居住空间的有机结合等,都是项目规划建设中的纲领。

项目整体规划设计(图4-4)以"美丽乡村"的大环境营造为背景,总面积6246亩,其中3500亩种植水蜜桃。以"田园生活"为目标核心,将田园东方与阳山的发展融为一体,贯穿生态环保的理念。是集现代农业、休闲旅游、田园社区等产业为一体的田园综合体,实现"三生""三产"的结合与共生。

项目以区域的思路来开发,前期通过小尺度配套物业确保持久运营。首先以文旅板块顶级资源引入提升土地价值,旅游消费和住房销售同步进行的旅游+地产综合盈利模式。后期进行配套完善,做到良性循环可持续发展。整个项目采取开放式的运营模式。

田园东方设计在尊重场地的基底条件下,田园综合体分出农业、田园社区、休闲旅游和示范区等极大集群。按照无锡市政府部门要求,一期先启动其中300亩的示范区。

田园东方以"美丽乡村"的大环境营造为背景,以"田园生活"为目标核心,将田园东方与阳山的发展融为一体,贯穿生态与环保的理念。项目包含现代农业、休闲文旅、田园社区三大板块,主要规划有乡村旅游主力项目集群、田园主题乐园、健康养生建筑群、农业产业项目集群、田园社区项目集群等。

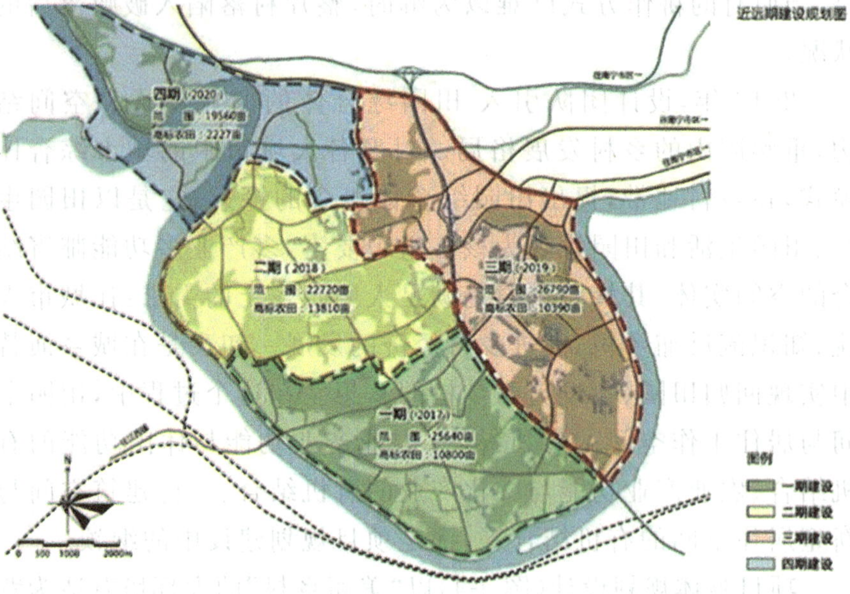

图 4-4　田园东方概念性规划

（一）周边环境

田园东方所处的惠山区阳山镇，自然生态资源得天独厚，拥有 2 万余亩桃林，7000 多亩生态林，广阔的西部湿地，绿地覆盖率超过 70%，名副其实的天然绿色大氧吧，拥有桃花、奇山、怪洞、古刹、茶场、苗圃等令人神往的世外桃源，林荫幽径的生态环境和不可复制的火山地貌，更是阳山区别于其他江南小镇独有的旅游资源。

（二）交通区位

阳山地处中国经济最具活力的长三角中心腹地，是水陆空交通便捷的风水宝地。

水：南临太湖，北靠长江，直湖港水利枢纽贯穿南北。

陆：新长铁路、陆马快通、锡宜高速、342 省道穿境而过，通过西环线对接市区高架内环、沪宜高速公路途经阳山对接沪宁高速、京沪高速。

空：距无锡苏南国际机场30分钟车程；距上海虹桥机场1小时车程；距上海浦东机场、南京禄口国际机场1小时30分钟车程。

乡村空间产业整合

田园示范区地点在拾房村旧址（图4-5），这里原本有一个完整的村落。对此，我们从建筑形态、空间格局、原生植物等方面，最大限度地保留或恢复村落自然形态。对拆了、倒了的祖屋，在原址按原样式建造；并选择原有的水杉为场地基调，尽量保留现状原生树；即便对没有雕花的简单木料，也考虑循环再利用；那些被砍下来的桃树枝干，先收集堆放好；特别在动迁区，拆出来大量青砖、老瓦、石块等建筑材料分区域保护，编号回收，以便后期重新设计；所有这些村落里的东西，承载着村民对这片土地的记忆和情感，如果全部清除，乡愁就回不去了。拆下的木料先集中堆放，老石头再利用（图4-6）。

图4-5 拾房村旧址

应“拾房”之名，包含保留的3栋老宅，以此作为市集。在对老房子做规划、设计、建设的同时，把新的业态、活动植入其中，并为不同业态空间进行室内设计，通过将田园空间与居住、工作空间有机结合，农业与休闲、文化产业有机结合，实现效益扩大，延展复合化功能。

图 4-6　旧材料再利用

老屋群落

建设前村庄的形态是在原乡民自发营建的过程中生长出来的，村落布局、建筑肌理、田园化的空间形态一直保持着自然朴素的特质。村落南部的建筑老屋得以保留（图 4-7），虽然是老屋拆除后的整体复建，但总体形态遵循原始老屋的群落关系，新修的复古木构廊架明亮高敞，露天电影，果蔬市集，功用的多样性决定了廊下空间的舒适惬意，也将游人视线从村落南部私密温暖的祖屋小院自然巧妙地过渡到北部开敞的中心田园花海。

图 4-7　村落南部建筑老屋

图 4-8　北部中心田园花海

园区整体规划分为现代农业、休闲文旅、田园社区三大板块：

农业板块

共规划四园（水蜜桃生产示范园、果品设施栽培示范园、有机农场示范园、蔬果水产种养示范园）、三区（休闲农业观光示范区、果品加工物流园区、苗木育苗区）和一个中心（综合管理服务中心），导入当代农业产业链上的特色与优势资源。农业板块的四园具体为：(1) 有机农场示范园（图 4-9），包括 7 个部分：科技研发与成果孵化中心、标准化育苗中心、智慧果园、有机水蜜桃种植示范区、富硒桃种植示范区、新品种水蜜桃种植示范区、水蜜桃标准化种植区。(2) 果品设施栽培示范园，包括 6 个部分：水蜜桃设施栽培示范区、优质蜜梨果园、优质枇杷果园、特色柑橘果园、优质猕猴桃和葡萄果园、水蜜桃标准化种植区。(3) 水蜜桃生产示范园，设计有水蜜桃标准化种植果园。(4) 蔬菜水产种养示范园，包括 4 个部分：设施蔬菜、露天蔬菜、水产养殖区、水蜜桃标准化种植果园。

居住板块

田园东方居住板块的产品以美国建筑大师杜安尼“新田园主义空间”理论为指导（图 4-10），将土地、农耕、有机、生态、健康、阳光、收获与都市人的生活体验交融在一起，打造现代都市人的梦里桃花源。

图 4-9 有机农场示范园

一期田园小镇“拾房桃溪”规划形似佛手，意为向西侧的千年古寺“朝阳禅寺”行佛礼，对阳山的历史文脉表示尊重。首期为低密度社区，为赖特草原风格田园墅，外围户户邻水，为广大田园人构建一幅“有花有业锄作田”的美好人居图景。

图 4-10 田园东方居住板块的新田园主义

文旅板块

田园东方的文旅板块以“创新发展”为思路，目前已引入拾房清境文化市集、华德福教育基地等顶级合作资源。其中，清境拾房文化市集是田园东方携手清境集团共同缔造的一座田园创意文化园，着手重新梳理阳山的自然生态和拾房村的历史记忆，还原一个重温乡野、回归童年的田园人居，由自然体验区、生活体验区和文化展示区三个部分组成，包含拾房书院、井咖啡、绿乐园、面包坊、主题民宿、主题餐厅等。具体为：拾房清境文化市集。拾房清境文化市集包括 7 个部分：飨·主题餐厅，是以“蔬食”为主题的时尚概念餐厅；井咖啡，是“禅意”风格的概念咖啡厅；窑·烧手感面包坊，是“自然”风格的窑·烧面包坊；圣甲虫乡村铺子，是以“回归自然”为主题的乡村铺子；拾房书院，是以“师法自然，复兴文化”为主题的书院；邸·主题民宿，以“旧居民宿”风格的宅邸式酒店；绿乐园，位于市集西侧的绿乐园是国内首个专业研创儿童教育第二课堂的模式品牌，绿乐园五大主题区：蚂蚁王国主题区、小农夫主题区（图 4-11）、香草园主题区、农夫果园主题区、白鹭牧场主题区（图 4-12）。

图 4-11　小农夫主题区

图 4-12　田园东方主题区导游图

田园综合体在设计上摒弃了以往政策上条块分割的弊端，能够以一个限定的区域进行统筹考虑发展，是在农业农村领域的一个新的突破创新。其发展方式可以与世纪之初各地发展起来的经济开发区有异曲同工之处，对于区域的农村发展而言，其功能地位不输于城市周边的经济开发区。

优势：

1. 文化内涵：阳山拥有中国“百千万亿”的文化经典：以百年书院为代表的儒家书院文化、以千年古刹朝阳寺为代表的佛家禅宗文化、以万亩桃林为代表的桃源农耕文化和以亿年火山为代表的地质科普文化等。

2. 理念内涵：一个主义，两个核心，三生和谐，四风同尊。

(1)一个主义：新田园主义

田园东方是新田园主义的践行者。相对于原有的“老”田园主义，“新“田园主义是积极向上而不是“隐逸”，是“入世”而不是“出世”，她不仅是一种世界观，还是一种方法论，不仅强调了人与自然的和谐，更要求人们主动去掌握环境、经济、社会的规律，并顺应自然。

(2)两个核心：乡村复育与乡村多功能

乡村复育是通过环境复育与小镇规划的手法，重建小城镇广大农村区域的聚落与田园景象；乡村多功能是以多元的功能取代过去专注粮食生产的单一经济体导向的乡村发展，重塑乡村价值来发展农村社会与经济。

(3)三生和谐：生产、生活、生态的有机融合

通过建设“三生和谐”的新乡村来实现构建和谐社会，即在生产、生活、生态相和谐的基础上和尽量保持农村“乡村性”的前提下，通过“三生”和谐的发展模式来推进乡村和谐发展。

(4)四风同尊：对风土、风物、风俗、风景的尊崇

风土——特有的地理环境，可表现为乡村健康的空气、水、土壤和乡村的宁静祥和的环境。

风物——地方特有的物产，包括特定的地理气候环境所形成

的大地物产和乡村特有文化中培养出来的人文物产。

风俗——地方特有的民俗，体现了乡村作为中国传统文化的直接继承者和传播者的作用。

风景——可供欣赏的景象，包括山体、溪流、果园等自然风景和生活习俗、建筑风格、文化节庆等人文风景。

3. 以人为本：充分考虑农民的利益，从土地的使用到村集体建设用地的可持续开发，从产业做优做强到农村一二三产业融合发展，从农业结构调整到农业文化旅游三位一体化发展，都是对农业产业发展、农村生态宜居、农民致富增收的有效手段。

4. 交通便捷：田园东方位于二线城市无锡的阳山镇近郊区域，距离无锡市中心 20 公里，距离高铁站 30 公里，乘高铁到周边城市方便快捷，可控制在一个小时以内，2 小时自驾可直达长三角任何一个城市。如图 4-13 所示。

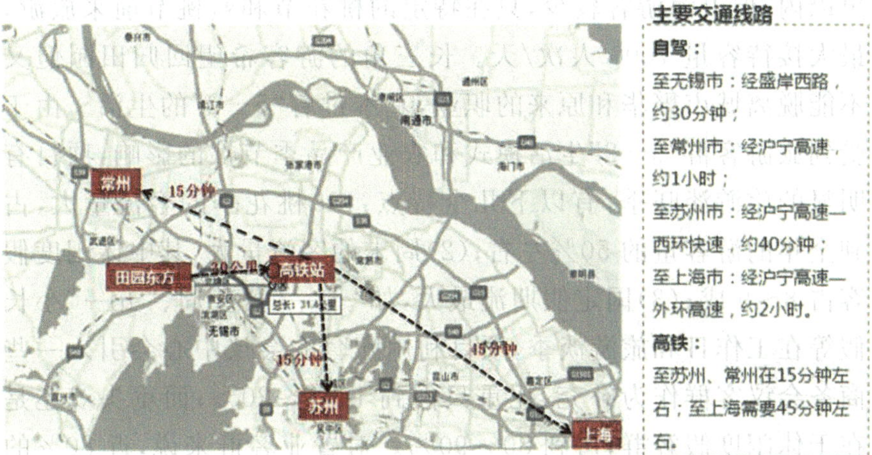

图 4-13　交通线路分析图

5. 定位清晰：东方园林定位为集现代农业、休闲旅游、田园社区等产业为一体的田园综合体，并提出了企业“建设美丽中国创造美好生活”的战略主张。从生态、农业、旅游的角度契合“美丽中国”、美好生活、城乡一体化等政策。

以田园文化创意园“文化集市”为整个项目引擎，通过绿乐园等田园互动产品撬动了亲子休闲旅游市场，带动一期地产项目营销，同时项目还规划了农业板块、生态休闲板块，整个片区的规划并无明显的板块划分功能融合。

与台湾清境农场团队合作，由其原班团队设计并监管建造，并以台湾清境农场这样一个知名的成功项目为联想类比宣传，与具有成功项目的成熟运营商合作，在项目初期可以直接导入客群，提高项目可推广度，也提升了企业项目运营实力。

项目以区域开发的思路来开发，前期通过小尺度配套物业确保持久运营。首先以文旅板块顶级资源引入提升土地价值，旅游消费和住房销售同步进行的旅游＋地产综合盈利模式。后期进行配套完善，做到良性循环可持续发展。整个项目采取开放式的运营模式。

开业以来接待游客 10 万余人次，游客主要来自方圆 150 公里以内，但上海游客较少，只在特定的桃花节和蜜桃节前来旅游，最大接待容量 7000 人次/天。长三角的游客希望回归田园但又不能脱离城市繁华和原来的职业，基本过着“5＋2”的生活。由于受到旅游客群“5＋2”生活模式和农业产品季节性的影响，项目有明显的旅游淡旺季，有以下几个特点：(1)桃花季的客流量大，占到全年的游客量的 50%左右；(2)周末的客流量大，其中休闲度假客占 8～9 成；(3)国定假期流最大，如“十一”黄金周、“五一”小长假等在工作日和旅游淡季，项目利用配套的会议中心会引入一些商务会议客群作为补充，比重只占到 10%～20%；而重头戏还是在于休闲度假客群，占到 80～90%。对置业客群来说，近 80%的置业客群来自无锡本地，周边城市(如苏州、常州等)占到 20%左右(图 4-14)。置业客群主要以本地客群为主，上海等大城市的旅游客群的置业意愿比较低。

休闲旅游地产项目要想做到可持续发展，必须依靠多种盈利模式，只有这样，才能发挥休闲旅游与地产的优势，体现交叉行业的优点，实现优势互补。旅游项目的整体设计、硬件配套设施和服务都要追求一流，打造一流旅游品牌。在地产项目方面，要注重合理规划和可持续发展，注重地产项目的选址及配套设施的建设，提供多种户型，满足消费者的多种需求，提供优质的物业服务。在旅游项目方面，坚持创意取胜，为游客提供新奇的旅游体验，吸引旅游者重复旅游。在整个项目的运作过程中，不断深化品牌在游客心目中的形象，让品牌具有一定的感召力和传播力，使之成为核心竞争力。

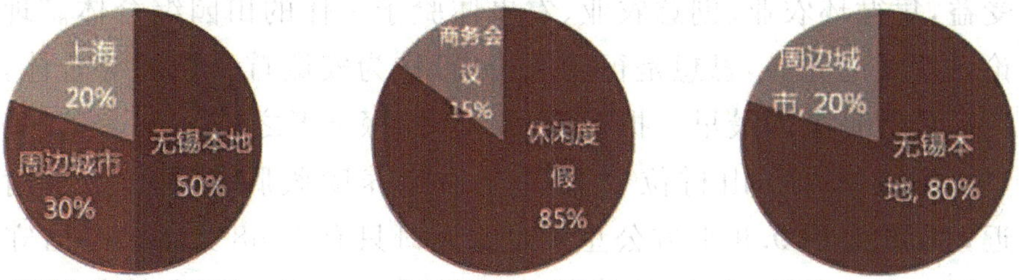

旅游客群来源占比图　　客群类型占比图　　置业客群来源占比图

图 4-14　顾客群分析图

小结：通过对国内观光农业发展现状和无锡阳山田园东方规划设计的具体分析可以看出，发展农业观光园可以使农民获得农业收入和旅游收入的双重经济效益，是农业转型升级、建设社会主义新农村的必然选择。观光农业规划设计时需合理运用生态规划法，引入现代农业科技特色，彰显农村观光的特色。观光农业不仅有休闲娱乐和农业生产的功能，而且在维持城市生态系统的功能完整性方面也起着重要作用。无锡阳山田园东方的规划设计体现了人与自然的和谐共融与可持续发展理念，通过“三生”（生产、生活、生态）、“三产”（农业、加工业、服务业）的有机结合，实现生态农业、休闲旅游、田园居住等复合功能，提供了现代生态农业观光园规划、开发和建设的理想模式，值得类似地区进行田园综合体规划设计中借鉴与推广。

二、安徽巢湖汤山三瓜公社

每个人心里都有一个田园梦。在这个田园里，有花有草，阡陌相连，“采菊东篱下，悠然见南山”。自从 2017 年中央一号文件提出“田园综合体”以来，这个全新概念就迅速引起人们的热捧。

“田园综合体”概念源自城市综合体，综合体是当今城市最成功的商业模式之一，当美丽的田园梦遇到综合体，便开启了人们无限的想象空间。中央一号文件中对田园综合体的表述：“支持有条件的乡村建设以农民合作社为主要载体、让农民充分参与和受益，集循环农业、创意农业、农事体验于一体的田园综合体。”理论是实践的先导，思想是行动的指南，作为安徽首个田园综合体，三瓜公社是全国最早一批田园综合体的探索者之一。

安徽巢湖汤山村位于著名温泉疗养度假胜地半汤温泉附近，区域面积 9.9 平方公里，而总人口只有 1768 人，多是留守人群，土地资源、传统的建筑物以及手工艺得不到有效保护和利用。2015 年 3 月，合肥市合巢经开区与安徽淮商集团合作，成立了安徽三瓜公社投资发展有限公司。公司依托汤山村资源，投资 3 亿元，耗时 36 个月，以“把农村建设得更像农村”为发展理念，积极探索三产融合、农旅结合的“互联网＋‘三农’”农村电商新模式。

安徽电商第一村“三瓜公社”，坐落于中国第五大淡水湖——巢湖之滨，紧邻半汤郁金香高地景区和半汤温泉度假区。良好的自然资源基础使其还原了古巢湖农耕文化的淳朴风貌，同时建立了现代休闲度假景区。在政府领导下，“三瓜公社”携手中国农道联盟、北京绿十字，以“把农村建设得更像农村”为理念，对汤山村村民住宅进行“一户一特色”的定位设计，按照“南瓜农特色电商村”、“冬瓜民俗文化村”、“西瓜民宿美食村”三大板块进行布局（图 4-15），采取“政府引导、龙头带动、村民参与、市场推动、基层运作”五位一体的发展思路，综合现代农特产品的生产、开发线上线下交易物流等环节，逐步实现半汤“农村没、农民富、农业兴”的局面。

在三瓜公社建设初期，政府、企业和设计师都秉持着“多从老百姓的角度想问题，多考虑农民的利益”。就是因为这样共同的愿景与情怀，让这个贫困落后的空心村化腐朽为神奇，建设出了一个保持着村庄肌理，让鸟儿飞回来、老人乐起来、年轻人回来，更多的新农人入乡创业的宜居宜业宜游的美丽乡村。

图 4-15　三瓜村概况

（一）整合农特产品资源，共建农村新产业

三瓜公社兴建之初，和很多地方一样是贫困凋敝的空心村，唯一不同的是，这里有得天独厚的温泉资源优势。三瓜公社最终自发探索出了一种的全新模式，如今已初露雏形，即通过农旅、商旅、文旅“三旅结合”，打造一二三产业融合的发展新模式。

1. 让田园体验凸显意境

作为安徽首个田园综合体——三瓜公社，诞生于合巢经开区并非偶然。区别于其他开发区，合巢经开区周边风景秀丽，围绕这片好山、好水，他们走科技创新和生态绿色化发展之路，谱写了一幅产业强、景色美、生活乐的美丽画卷(图 4-16)。对坐落于国家级巢湖风景名胜区里、有着绿水青山的合巢经开区而言，如何保持生态绿色的同时，带动农民增收致富，走出一条三产融合、绿色发展的路子，是三瓜公社所面临的一大难题。而合巢经开区立区的根本是营造一个非常生态的自然环境，就是要寻找一批有情怀、崇拜大自然、热爱大自然、有科学精神、有文化追求的人，然后才能在一起共筑未来共同的愿景。

三瓜公社的定位，首先是一个乡村，它是城市人喜欢的乡村，也是农民喜欢的乡村。三瓜公社基本定位就是农民、消费者、市场，三者融为一体更像农村的乡村社会共同体。具体来讲，这是一个兼有城市元素——现代化的资源要素配置，环保化的产业集群空间，人性化的政府服务理念，完备化的公共管理服务体系，以及城市化生活水准的新型综合体，又是一个有着乡村文化特质、理想人居、人与自然、自然与产业、产业与人居环境和谐共生的理想空间。

图 4-16　三瓜公社区域生态

2. 让古建筑重拾魅力

带着这个理念出发，三瓜公社以半汤国际温泉度假区为依托，以大奎村、倪黄村、东洼村三村古朴村落和优美生态为基础，以“政府引领、农户参股、企业经营”为发展模式，集民俗文化、休闲旅游、农业种植、电子商务及新农村建设于一体，打造一个极富地方特色的民俗文化旅游基地(图 4-17)。秉持“把农村建设得更像农村”的理念，“不拆一间房，不砍一棵树”，保留村庄的肌理，尊重村庄的每一座房子，呵护各个年代的民居，依据民居的布局、样式、结构进行设计与改造，没有雷同，没有仿制。

图 4-17 富有地方特色的民俗文化旅游基地

3. 让农事成为娱乐体验

让曾经远离我们生活但又记忆犹新的农具、生活用品重新回到“家”里：挂在墙上的蓑衣，摆在墙角的耕犁、门口的水井、喝水的茶缸、盛饭的蓝边碗……一切都那样自然。唤醒农村，从民俗开始。贴春联、舞龙灯、唱大戏、拜大年……利用这种方式传承文化发展，并使优秀传统文化发光发热、源远流长。

三瓜公社遵循“村庄是村里人的村庄”，“农民富了乡村才真美”“企业和村民共同致富”的原则，在第一阶段，吸纳本地本村及周边的农民从事旅游服务业，成为公司员工，通过培训、培养，提升其服务意识和能力，培养其经营能力，未来，将把经营权交给农民，使每一户村民都能够成为星级旅游服务的提供者和从业者。把农村建设得更像农村，不仅是村庄的建设，更是找回农村的生活。

(二)“互联网＋‘三农’”模式

1. 创新网络营销方式，促进农产品的转型经营

给乡村穿上漂亮的花衣，让乡村美丽是容易的，但让乡村美好和欢乐，却需要产业支撑，只有让农民富起来，乡村才能真美丽。三瓜公社通过对原有山体、农田、水系进行整治，提升农田利

用率；通过区域资源综合利用，开辟出冷泉鱼、温泉鸡、茶、山泉花生等30余个产业基地。在此基础上，围绕本地特色产品和基地建设，开发了茶、泉、农特、文化四大系列1000余种半汤特色产品和旅游纪念品。同时三瓜公社所有点、所有农村都是旅游的景点，可参观，可生活，同时三瓜公社所有农业都是围绕旅游来做：如规划中的休闲农业带、观光农业带、体验农业带；三瓜公社所有农作物的种植都围绕可观赏、可体验来选择，如五彩水稻，七彩油菜花，千亩四季果园，俩枣农场，五谷良田等规划，都让游客可以采摘、体验、参与，让农业完全融入旅游业。

2. 三瓜公社的电商新模式

半汤历史上第一次拥有属于自己的农产品牌。三瓜公社在乡村建设的初始，就紧紧抓住互联网时代电子商务引擎，以南瓜电商村电子商务发展为驱动器，倒逼产业发展，实现“互联网＋一二三产业”融合。在南瓜电商村引进傻瓜网、淘宝、京东合肥馆、甲骨文科技、微创联盟、顺丰等多家电商企业，成立半汤电商协会，建设电商基地。围绕半汤本地特色产品资源，开发了茶、泉、农特、文化四大系列一百余种半汤特色产品和旅游纪念品，所有产品按线上线下融合的方式进行销售与体验（图4-18）。并成立专业合作社，组织农民进行生产，通过产业基地和订单式农业，使一产得到快速恢复和发展；通过建立农产品加工厂，实现农产品的商品化、品牌化、标准化、网货化。组织引导本地农民参与到电商产业链的各个环节，通过合作社组织产品生产，带动农民增收致富。

据了解，目前“三瓜公社共培育电商企业17家，年销售额有望突破2亿元，正在带动农村致富。现在，农民既可以自己做电商，也可以去电商企业工作，也可以继续从事农特产品的生产，不管做什么，他们的年收入都提高了很多。这样的态势吸引了很多创客和返乡青年来此创业，三瓜公社成为创业热土，生发出新生的活力。同时，三瓜公社还成立了半汤电商协会，使农民互通有无、抱团取暖。

图 4-18 三瓜公社产品销售体验馆

3. 以农业生产为基础发展线下合作社

为充分发挥互联网产业集聚效应，三瓜公社通过建立多家电商总部和电商物流基地(图 4-19)，让一直以来分散的农村产业走上了集约化的农村电商发展之路。并且先后成立了“花生专业合作社”“山里邻居食用菌专业合作社”“山里人家养殖专业合作社”“桃源瓜果专业合作社”四大产业和古巢湖文化合作社。合作社突破过去的运作模式，将种植、生产、线上线下交易、物流等环节融为一体，大大提高了产品产量和价格。一年多来，村集体经济增长达 200%以上，农民人均增收 34%。

图 4-19 三瓜公社电商物流基地

通过以“互联网+农村”为具体抓手，以南瓜电商村电子商务发展为驱动器，倒逼产业发展，三瓜公社“线下体验、线上销售，企业引领、农户参与，基地种植、景点示范”的产业模式已初步形成。

（三）三旅融合模式

合则强，融则通。如果说借助“互联网+农业”，使得三瓜公社得到了“强身”，那么商旅、文旅、农旅的“三旅融合”发展新模式，则为三瓜公社实现了“健骨”。

在打造南瓜电商村的同时，三瓜公社为进一步培训电商人才，成立了半汤商学院和电商培训中心。其中，半汤商学院侧重于县域电商、乡建和农旅培训，自 2016 年 5 月成立以来，已举办电商培训班 32 期，共培训近 3000 人。这种定期“商旅”融合的电商培训和创客培训，在带动周边村民发家致富的同时，也吸引了更多的青年返乡就业创业。

此外为保护和传播巢湖地区六千年农耕文化、温泉文化、半汤养生文化、地方建筑，三瓜公社将东洼村定位于“文旅”融合发展的冬瓜民俗村，将改建半汤六千年民俗馆、古巢国遗址，并将半汤传统的油坊、布坊、茶坊、酒坊、蔑坊、陶坊、烤茶等 40 余个手工艺作坊和场景再现，恢复部分民间手工艺，还原传统农村的生活景象。而西瓜美食村则在倪黄村原有风貌的基础上，通过对西瓜村百余户老屋进行“一户一特”的重新定位与设计，将建设 80 户风情民居民宿、60 家特色农家乐和 10 处心动客栈酒店。目前已建成村里村外私房菜馆、村口土菜馆、青年客栈（图 4-20）、两间半客栈、有间客栈等。三瓜公社还通过对周边农田集中整治后，集中打造了基于“农旅”深度融合的观光、体验、旅游三个主题农业带。其中，观光农业带打造四季可观光的农作物；体验农业带侧重于各种采摘、耕种的体验；旅游农业带主要进行认植、认养、认种，进一步增强主题农业旅游的黏性。

图 4-20　青年客栈

未来，三瓜公社还将打造传统农业茶文化和休闲旅游业有机融合，打造集观光、采摘、体验、制茶为一体的茶文化旅游农业带。经过这样有序推进、步步衔接的建设，一个集新型农业、电子商务、民俗旅游为一体，商旅、文旅、农旅“三旅”深度融合的“田园综合体”初具雏形。

如今的三瓜公社，是一个保持村庄肌理，鸟儿飞回来、老人乐起来、年轻人回来，更多的新农人入乡创业的宜居宜业宜游的美丽乡村，魅力乡村。

(四)三瓜公社前景趋势预测

近年来，党中央、国务院高度重视农业供给侧结构性改革，支持农村产业融合发展。为农村产业融合发展提供量身定做的用地保障政策，早已提上议事日程。2017 年 12 月 21 日，国土资源部召开媒体座谈会，对《关于深入推进农业供给侧结构性改革做好农村产业融合发展用地保障工作的通知》的有关情况进行了介绍。“田园综合体”被写入了中央一号文件，其出发点是主张以一种可以让企业参与、带有商业模式的顶层设计、城市元素与乡村结合、多方共建的“开发”方式，创新城乡发展，形成产业变革、带来社会发展，重塑中国乡村的美丽田园、美丽小镇。在三瓜公社中，通过一二三产业互融互动，通过各个产业的相互渗透融合，把休闲娱乐、养生度假、文化艺术、农业技术、农副产品、农耕活动等有机结合起来，通过各种集会活动平台(图 4-21)，使传统的功能单一的农业及加工食用的农产品成为现代休闲产品的载体，发挥出了产业价值的乘数效应。

图 4-21 三瓜公社集会活动

1. 农村电商消费潜力逐渐显现

互联网的迅速普及和农村网民数量的不断攀升增加了农村电商消费市场的潜力。中国互联网信息中心数据显示，截至 2014 年 12 月，农村网民人数为 1.78 亿，较上年同比增加 188 万人；农村网购人数为 7700 万，约有 41％的增长，远大于城市网购人数 17％的增长率。农村网络消费占比不断提升，从 2012 年第二季度的 7.11％上升到了 2014 年第一季度的 9.11％，2014 年农村网购市场达到 1800 亿元，2016 年将突破 4600 亿元，与城市网购规模之间的差距不断缩小。与此同时，农资电商也处于蓬勃发展中。我国农资电商的市场潜力巨大，在政策推动下，一批农资电商平台顺势而生，如云农场、云公社、农一网、种地宝、村村通、易农商城等，加上新上线的淘宝农资频道和京东农资频道，农资网上市场正显示出强大的生命力。

2. 国家政策的大力支持

2015 年 8 月，商务部、发展改革委、农业部等 19 部门联合印发了《关于加快发展农村电子商务的意见》，为完善农村现代市场体系、促进农村流通现代化、提高农村流通效率、释放农村消费潜力提供了有力的政策支持。《意见》针对目前农村电商发展过程中存在的问题，从培育多元化电子商务市场主体、加强农村电商基础设施建设、营造农村电子商务发展环境等方面提出了10项举措：一是支持电商、物流、商贸、金融等各类资本发展农村电子商务；二是积极培育农村电子商务服务企业；三是鼓励农民依托电子商务进行创业；四是加强农村宽带、公路等基础设施建设；五是提高农村物流配送能力；六是搭建多层次发展平台；七是加大金融支持力度；八是加强农村电商人才的培养；九是规范农村电子商务市场秩序；十是开展示范宣传和推广。《意见》还提出，到2020年，争取在全国范围内培育一批具有典型带动作用的农村电子商务示范县。

“互联网＋‘三农’”的农村电商新模式是现代化农业发展的大势所趋，必将为三瓜公社发展带来新的机遇，通过电商平台将安徽省丰富的农产品销往国内外，既实现了农民增收，又促进了安徽农业经济的发展。目前，该模式还不够完善，在具体的实施过程中仍面临诸多挑战，安徽省农村电商的发展也正处在一个战略机遇阶段，但它的发展是必然的，前景也将是令人期待的。

（五）三瓜公社电商发展建议

1. 完善农村电商基础网络设施建设

农村电子商务是以互联网为基础的，要推进三瓜公社的发展，首要的就是建立满足其发展需要的基础网络设施。政府及相关部门要加强农村电力设施建设，扩大农村网络设施覆盖率，尤其是加大对网络较为落后地区的网络基础设施建设，在降低互联网使用成本的同时为农民提供更高的网络传输质量。提高农村电子计算机硬件的普及率，组织建设农村信息服务站点，对农民进行互联网知识的培训，给予农民充分的技术支持。

2. 培养和引进农村电商专业人才

农村电商的人才队伍建设是农村电商发展的保障，三瓜公社创新的人才模式为安徽省培养和引进专业电商人才提供了新思路。首先，要鼓励农民接受再教育以提高其文化水平，同时开展电子商务教育培训，提高农民的网络基本知识、电脑使用能力和网络信息筛选能力，加强电商意识，提高农户网络平台销售技能，促进农村电商平台的快速建立。其次，要大力引进拥有专业电商知识的发展性人才，完善人才机制，为愿意深入农村基层从事电商发展工作的人才提供更多的优惠政策支持，防止人才的流失。同时，建立安徽省农村电商创业孵化园区，为想回乡创业的农村青年提供创业场地、培训、信贷、加工、仓储物流的配套支持。

3. 规范管理制度，创新管理模式

农村电商的发展即意味着各类中小公司及企业的诞生，这些企业大多由本地农民自主建成，在农特产品上拥有自己独到的见解，但在平台运营及公司管理上还存在着效率低、不专业、不规范等诸多问题。因此，必须制定一系列安徽省农村电商平台的规范化的管理制度，完善各项工作的监督审查机制，并引进拥有相关知识的管理学人才，实现农村电商从生产到销售及管理模式上的全面革新。创新适合本地农村特色的“互联网＋”管理思维，提高村民积极响应的高涨热情，促进电商平台发展壮大，提高经济效益。

4. 创新营销方式，扩大宣传力度

农村电商的出现为安徽省的农业发展带来了更大的市场，“互联网＋‘三农’”的电商发展模式要求进一步创新营销方式——线上线下相结合在线下进行实体经营的同时，在线上开展迎合当代网络消费习惯的多种电子商务形式。安徽省农村电商应与新媒体平台、电商平台积极对接，如在淘宝、京东、微店等电商平台开设网店，并使用支付宝、微信等支付方式，通过微博、微信公众号等新媒体平台上发布农产品信息、开展农产品的直销、团购、促销等活动，宣传自主品牌文化，加强与消费者的良性互动，培养客户群，扩大农村电商企业的市场规模，提高农民收入。

小结:农村电商是一个崭新的领域，在国家政策的大力支持、当地政府的主动作为、电商平台的积极介入以及农村电商企业的开拓进取等多方的共同努力下，三瓜公社以“互联网+‘三农’”的方式，探索出了农村电商新模式，也释放出其巨大的市场潜力成为全国首屈一指的农村电商田园综合体模式。

三、河北唐山迁西“花乡果巷”

迁西县地处唐山市北部，燕山南麓，长城脚下，滦水之滨，全县总面积 1439 平方公里，总人口 40.5 万。迁西县历史文化悠久、资源禀赋优良、产业特色鲜明，生态环境良好，全县森林覆盖率 63%。这里有蜿蜒百里的蓟镇长城，有名冠京东的皇家庙宇，有驰名中外的糯香板栗，有酸甜爽口的燕山安梨，有世界最大的型钢基地，有转型发展的企业群体;这里是林木茂密的深呼吸小城，是山水宜人的全域景区，是令人神往的山水画境，是乐享宜居的诗意乡居(是著名的“中国板栗之乡”、“中国栗蘑之乡”，是国家级生态示范区、国家级园林城，是中国十佳宜居县城，全国百佳深呼吸小镇，是全国首批全域旅游示范区创建单位、国家级休闲农业与乡村旅游示范县)。

试点项目所在地东莲花院乡地处迁西、迁安、滦县、丰润四县交界处，距京沈高速 20 公里，距迁西县城 30 公里，距在建的京秦高速仅 5 分钟车程，位于环首都 2 小时经济圈内，区位和交通优势明显。项目规划区总面积 7.35 万亩，涵盖西山、徐庄子、西花院、东花院、东城峪等 12 个行政村。项目总投资 17.2 亿元，建设期为三年，总计可获财政资金支持 2.1 亿元，同时可撬动社会资本10亿元。

前瞻产业研究院的规划下，该项目以“山水田园，花乡果巷，诗画乡居”为定位，建设以特色水杂果产业为基础，以油用牡丹、猕猴桃、小杂粮产业为特色，以生态为依托、旅游为引擎、文化为支撑、富民为根本、创新为理念、市场为导向的特色鲜明、宜居宜业、惠及各方的国家级田园综合体。

全面构筑“一、十、百、千、万”目标体系，即打造一个迁西模式、建设十大项目园区、构筑百个文旅景观、解决千人致富就业、吸引百万游客观光休闲。

整个项目区域划分为“一镇四区十园”（图 4-22），一镇即花乡果巷特色小镇；四区即百果山林休闲体验区、浅山伴水健康养生区、记忆乡居村社服务区，生态环境涵养区；十园即十大项目产业园，主要包括梨花坡富贵牡丹产业园、五海猕猴桃庄园、黄岩百果庄园、松山峪森林公园、莲花院颐养园、神农杂粮基地、CSA 乡村公社、游客集散中心、玉泉农庄、乡村社区旅游廊道。

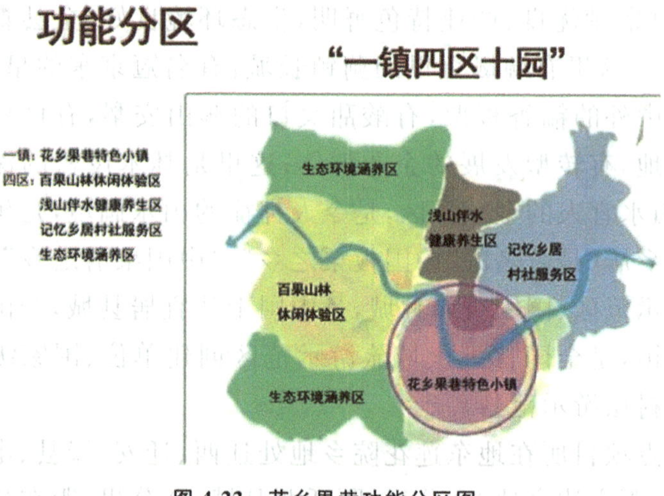

图 4-22　花乡果巷功能分区图

项目建设过程中将坚持以农为本、突出田园特色、发展现代农业，充分考虑农民利益，让农民参与其中，充分发挥聚合效应，从生产、产业、经营、生态、服务、运营六大体系入手，整合政策、整合资金，高标准完成试点项目建设。建设时始终坚持如下原则：

（一）坚持高标准，实现生产体系基础坚实

按照适度超前、综合配套、集约利用的原则，三年合计安排财政资金 9000 万元，完成 4.7 万亩的土地综合治理项目，其中 2017 年完成 1.2 万亩，2018 年完成 1.5 万亩，2019 年完成 2 万亩。项目建设拟在充分利用原有农田设施的基础上，以水利措施、农业措施、林业措施、科技措施、田间道路五大工程为重点，通过实施水、电、田、林、路等综合措施，分区域实行综合治理，为发展优质高效农业、建设高标准农田创造条件，实现综合效益，土地治理项目完成后，区域内的农业基础设施将得到显著加强，农业生产条件得到进一步改善，农业综合生产能力得到明显提高。

（二）坚持大融合，实现产业体系特色突出

立足区域内的资源优势、区位优势，围绕田园资源和农业特色，做大做强以水杂果为主要内容的优势主导产业，大力发展以油用牡丹、猕猴桃为主要内容的特色新兴产业，逐步构建三大产业体系，即核心产业体系、配套产业体系、延伸产业体系，从而实现一二三产业融合发展。

（三）坚持强龙头，实现经营体系创新发展

坚持以市场为导向，积极培育壮大新型农业经营主体的实力。全面构建制度优越、体系完善、规模适度的农村专业合作组织体系，利用全省供销合作社综合改革试点的有利契机，构建市、县、乡、村四级农民合作组织网络体系，即以市供销社为龙头，以县供销社为平台，以乡供销合作社联合社为纽带，以农民专业合作社为基础，大力推进“组织＋经营＋服务”为一体的新型供销合作组织体系建设，充分发挥四级合作组织在政策指导、产权交易、资金互助、电子商务、安全保险、资产运营、担保融资、技术培训八个方面的职能作用。

（四）坚持可持续，实现生态体系绿色共享

优化田园景观资源配置，深度挖掘农业生态价值，把生态和农业结合起来，把资源和产品对接起来，把保护和发展统一起来，努力将生态环境优势转化为农业发展、旅游发展优势，将绿水青山变成金山银山，创造更多绿色财富和生态福利。坚持以“花”、“果”为主题，实现农业资源景区化，使农田变景观，村庄变田园。

（五）坚持优质服务，实现服务体系功能完善

坚持共参、共建、共享理念，切实发挥、完善区域内的服务功能，充分调动广大百姓积极性。投资1.3亿元，与中国科学院、中国农科院等科研院所合作，建设高标准科技研发中心，服务产业发展，实现由科研成果到落地实践的无缝对接；投资2000万元，与阿里巴巴、京东等集团合作，利用供销系统的销售网络，建设高标准电子商务中心，打造功能完善的果品交易平台和融资平台；投资3200万元，依托冀东山货市场，建立冀东果品仓储、物流中心，聚集市场、资本、信息、人才、科技等现代生产要素，构建起完善的生产性服务体系，在农产品种植、管理、加工、科研、仓储、物流、销售等各个方面，为百姓提供全程服务，推动城乡产业链双向延伸对接。

作为河北省唯一国家田园综合体试点项目，该项目每年将获得5000万元中央财政资金支持和2000万元省财政资金支持，资金支持连续三年。依托燕山独特的山区自然风光，该项目以“山水田园、花香果巷、诗画乡居”为规划定位，以生态为依托、以旅游为引擎、以文化为支撑、以富民为根本、以创新为理念、以市场为导向，致力打造特色鲜明、宜居宜业、惠及各方的国家级田园综合体，建设生态优良的山水田园，百花争艳的多彩花园，硕果飘香的百年果园，欢乐畅享的醉美游园，群众安居乐业的祥福家园。园区探索出“安梨＋油用牡丹＋二月兰”共生模式，被中科院植物研

究所确定为油用牡丹示范基地。项目建成后预计带动就业 3500 人，增收 8 亿元以上，通过健全利益分配机制，实现了企业、合作组织有效益，集体有股份，群众有收益，核心区 12 个村近万名农民年均增收 8000 元以上，实现了多方共赢，良性循环。“花乡果巷”特色小镇作为“花乡果巷”田园综合体的核心主导区，由唐山市供销农业开发有限公司投资建设，于 2017 年初入选河北省首批 82 个省级特色小镇，是“智慧集约型农旅一体化产业集群”与“农旅＋建设运营发展创新模式”实践示范样板，并助力“花乡果巷”田园综合体成为全国供销系统综合改革的样板地和实验田。

小结：

河北唐山迁西“花乡果巷”项目整体规划设计通过“一镇四区十园”，统筹了“农旅＋”、“智慧物联”、“商业开发”、“投资收益”、“融资合作”、“品牌营销”、“运营管理”、“多规合一”等八大系统模式，形成科学合理、简洁完整的经济结构体系，“花乡果巷”特色小镇的建设，促进“花乡果巷”田园综合体的花果一二三产业融合发展，带动美丽乡村建设，实现精准扶贫，形成全乡的统一品牌打造，提高农民收入，改善农村风貌，让新农民更适合新时代的发展。

四、深圳大鹏现代都市田园综合体案例

(一)项目概况

项目位于深圳龙岗区大鹏新区。大鹏新区位于深圳东南部，三面环海，东临大亚湾，与惠州接壤，西抱大鹏湾，遥望香港新界，整个半岛森林覆盖率超过 76%，被称为深圳最后的“桃花源”，被《中国国家地理》评为“中国最美的八大海岸”之一。深圳大鹏现代都市田园综合体，项目占地面积 10000 亩(图 4-23)，总投资 30 亿元。

图 4-23　深圳大鹏现代都市田园综合体鸟瞰图

（二）项目缘起与背景

1. 休闲观光农业诉求的衍生

近年来，伴随全球农业的产业化发展，人们发现，现代农业不仅具有生产性功能，还具有改善生态环境质量，为人们提供观光、休闲、度假的生活性功能。随着收入的增加，闲暇时间的增多，生活节奏的加快以及竞争的日益激烈，人们渴望多样化的旅游，尤其希望能在典型的田园环境中放松自己。于是，农业与旅游业边缘交叉的新型产业——观光农业应运而生。

2. 都市农业发展的要求

都市农业在世界上已有一百多年的发展历史，真正传入我国不到 30 年。我国的都市农业既与国际发达国家的都市农业有相似之处，但更具有我国特色，那就是功能多样、产业融合、业态丰富、区域特色明显。随着我国城市化和城乡一体化进程的加快，特别是 2015 年李克强总理提出的以工业化理念发展农业以来，工业反哺农业、以城带乡、以工促农，社会各界从资金、人才、精力和时间等各方面对都市农业的关注和投入比以往任何时候都更加密切和积极，都市农业正日益成为城市社会发展的朝阳产业。

（三）项目定位

项目以地方海鲜餐饮、客家餐饮为特色，以智能化温室为生产设施主体，以品种与技术引进、孵化与推广为重点，打造集会展交流、科技研发示范、科普教育、休闲观光功能于一体的高科技生态观光田园综合体，让久居都市的市民体验农家生活，享受田园之乐。

（四）功能分区

项目从生态观光园的总体定位及现状出发（图 4-24），在对项目地的现有项目、现状交通、植被情况、管理模式及生产特色等现状因子进行分析的基础上，项目划分为六大功能区：生态田园观光区、循环农业示范区、4G 市民农园体验区、农业国际交流会展区、高科技农业示范区。

图 4-24 深圳大鹏现代都市田园综合体总平面图

（五）项目规划

1. 农业国际交流会展区

农业国际交流会展区位于项目西南部，以会展业为依托，通过举办农业高新技术展示（图 4-25）、农产品商务交易、农业国际会议交流(图 4-26)等活动,以形成信息流、人才流、资金流和物流,为项目创造商机。

图 4-25　农业高新技术展示

图 4-26　智能农业国际研讨会现场

2. 循环农业示范区

循环农业示范区以生态为基础,以科技为支撑,通过发展“畜—沼—菜”、农作物秸秆直接还田、过腹还田等循环农业模式,拉长生态循环链条。具体项目包括高产杂交水稻示范基地、现代化养鸡场、非转基因农产品种植基地、沼气发生基地、珍禽繁殖培养世界等(图 4-27)。

图 4-27 珍禽培养园

3. 生态农业观光区

生态农业观光区是以农业资源为核心依托，以旅游功能为核心展示，借助科技、相关辅助设施，形成集旅游观光、农业体验、休闲娱乐于一体的综合园区。具体项目包括水果作坊 DIY(图 4-28)，果园采摘(图 4-29)、荷塘月色(图 4-30)、生态湿地、茶园品茗、观光茶园(图 4-31)。

图 4-28 水果作坊 DIY

图 4-29 果园采摘

图 4-30 荷塘月色

图 4-31 观光茶园

4. 4G 市民农园体验区

4G 市民农园体验区以 4G 数字农业管理系统为支撑，旨在为市民提供体验农家生活的机会，使久居都市的市民享受田园之乐，经营方向由生产导向转向农业耕作体验与休闲度假为主。项目包括市民农园（图 4-32）、农家风情体验、有机蔬菜采摘体验（图 4-33）、客家风情商贸街、休闲马场等。

图 4-32　市民农园

图 4-33　有机蔬菜采摘体验

5. 纳米农业产业园区

纳米农业产业园区围绕华南农大产学研综合基地，利用纳米技术改进基因操作方法提高优质、高产、抗逆生物新品种培育效率，同时配套以商务度假酒店（图 4-34）、特色花圃（图 4-35）等，形成集科技基地、农业科普、休闲观光于一体的产业园区。项目包括华南农大产学研综合基地，纳米农业技术实验室，专家楼、环境监测站、商务度假酒店及特色花圃游览区等。

图 4-34　商务度假酒店

图 4-35　特色花圃

6. 高科技农业示范区

高科技农业示范区通过智能温室、自动水肥一体、物联网、农产品质量追溯等先进农业设施和技术，进行有机、绿色、无公害种植，发展智慧科技农业，带动传统农业向现代农业转型升级。项目包括新奇特瓜果(图 4-36)、蔬菜温室、数字种植展示、生态温室餐厅(图 4-37)、滨海休闲度假基地(图 4-38)等。

(六)设计亮点

深圳大鹏现代都市田园综合体规划设计依托华南农业科技大学的资源环境，打造都市田园综合体，将 4G 技术、网络技术和纳米技术灵活运用于休闲观光农业中，依托农产品种植发展观光旅游、体验农业等服务业，打造集科技、个性、文化、科普、旅游等功能于一体的都市田园综合体，让都市市民在园区放松身心，享受田园之乐。

图 4-36　新奇特瓜果

图 4-37　生态温室餐厅

图 4-38　滨海休闲度假基地鸟瞰图

五、达州生态产业田园综合体案例

（一）项目概况

项目位于四川省下辖地级市达州市。达州市地处川、渝、鄂、陕四省市结合部和长江上游成渝经济带，是国家规划定位的成渝经济圈、川东北城市群重要节点城市，是四川对外开放的“东大门”和四川重点建设的百万人口区域中心城市。项目位于达州市通川区东南部，北接达县，南邻宣汉县，区内地形以低山浅丘宽谷为主，地理环境优越，项目总占地面积6000亩（图4-39）。

图4-39　达州生态产业田园综合体鸟瞰图

（二）发展优势

1. 政策优势

《达州“十三五”农业农村经济发展规划》中指出，要发展“3+6”特色产业，引导特色产业向优势产区集中发展。规划指出，打特色牌、走品牌路，加快发展粮食、油料、生猪3个大宗农产品和蜀宣花牛、特色家禽（旧院黑鸡、开江鸭鹅）、茶叶等六大特色产业，引导特色产业向优势产区集中，推动多村一品、多乡一业、县县有主业发展。做大做强休闲观光、体验采摘等乡村旅游业，实现产业结构逐步优化，农业供给侧结构性改革不断深化。

2. 地理区位优势

达州市位于四川和重庆组成的“K＋1”字型城镇空间结构东北轴上的重要交汇点上，是川陕鄂渝四省结合部的区域中心城市，也是四川省的人口大市、农业大市、工业重镇和交通枢纽，享有“巴人故里、中国气都、红色达州”的美誉。

3. 交通优势

达州素有“川东北门户”之称，是川、陕、鄂、渝物资集散地和川东北的交通枢纽，襄渝、达成、达万三条铁路交会于此。此外，还有襄渝高速、营达高速、国道210线、省道万邻路、广开路和通宣路等通过，南大梁高速与营达高速也正在建设之中，交通十分便利。

4. 产业资源优势

达州市内矿产资源和生物资源丰富。矿产资源：达州市目前已探明的石煤储量7.63亿吨，其中保有储量5.8亿吨，表外储量1.22亿吨，炼焦用煤6.39亿吨；天然气已探明储量达7000亿立方米，远景资源量高达3.8万亿立方米，是继塔里木、鄂尔多斯气田之后我国最具开发潜力的三大气田之一；达州90％的天然气田含硫化氢，含量在9.5％～17％，属于高含硫气田。生物资源方面达州区内目前有脊椎动物400余种，有野生植物5000余种，生物资源种类多、分布广、数量大。

5. 旅游资源优势

达州作为川东北经济的中心点，是集融“巴山风光、巴渠文化、将帅故里”三大品牌于一身的地区。达州区内旅游资源丰富，拥有国家2A级风景区三处，国家级森林公园一处，省级森林公园三处，全国重点文物保护单位2处。此外，达州市革命老区，红军文化万古流芳，区内的红色遗迹生动再现了老一辈革命家血与火的战斗历程。

（三）项目定位与发展模式

1. 项目定位

项目以种植业、养殖业为主导，以科技优势、产业优势、经营优势和市场优势为支撑，打造集农业生产、科普教育、文化体验、生态休闲等功能于一体，具有辐射示范作用的生态产业田园综合体。

2. 发展模式

园区发展模式是突出绿色生态田园和循环经济的发展，发展的基本模式为“畜禽养殖—沼气—绿色果品（果蔬）”生态田园农业模式。

（四）功能分区

项目总体形成“五区一园一山”的功能分区形态。“五区”包括新型农村社区、文化展示区、生态农业休闲区、特色经济林果区、养殖区；“一园”即中央湿地公园；“一山”为花果山。

（五）项目规划

1. 文化展示区

（1）农耕文化展示区

农耕文化展示区以农耕文化为核心，全面展示农村生产、生活、民俗文化等方面，让游客感受最真实的乡村风貌。项目包括农耕文化展览馆、民俗活动互动区（图 4-40）、农家乐服务区、特色农产品商业点（图 4-41）。

图 4-40　民俗活动互动区

图 4-41　特色农产品商业点

(2)红色文化展示区

红色文化展示区通过立体雕塑、纪念馆、文化馆等全面展示革命前辈的英勇奋斗历程，凸显红色旅游教育功能，有效提升项目旅游文化产业的发展，吸引人气，打造项目亮点。项目包括将军馆、川陕革命老区革命纪念馆、红色文化追忆园(图 4-42)。

2. 生态农业休闲区

生态农业休闲区以农业生产为依托，丰富了传统旅游业的内容，通过充分开发项目地具有观光、旅游价值的农业资源和农业产品，打造集观光、休闲、采摘、品尝、农事活动体验等旅游功能于一体的综合园区。项目包括家庭认种农场，奇异瓜果展示区、丛林狩猎场、时令水果采摘品尝区、农家自主烧烤区(图4-43)。

图 4-42 红色文化追忆园

图 4-43 农家自主烧烤区

3. 花果山

花果山是以花卉观光、水果采摘体验及酒庄品茗的农业庄园。项目包括桃花梯田(图4-44)、时令水果采摘园(图4-45)、巴人酒庄(图4-46)。

4. 特色经济林果区

特色经济林果区通过发展特色经济林既能增收又能增绿，为游客提供独特的自然景观和天然氧吧。项目包括特色中药材种植基地(图4-47)、金色银园(图4-48)、景观苗木观赏基地。

图 4-44 桃花梯田

图 4-45 时令水果采摘园

图 4-46 巴人酒庄

图 4-47　特色中药材种植基地

图 4-48　金色银园

5. 养殖区

(1)生态野猪养殖区

生态野猪养殖区(图 4-49)是集野猪的繁殖、保育、育肥为一体的综合型养殖场,所训养的野猪具有肉质鲜美、营养丰富、口感好等特点(图 4-50)。

(2)珍禽养殖区

珍禽养殖区是集珍禽的孵化、饲养、销售于一体的综合性养殖基地,饲养的珍禽种类有贵妃鸡(图 4-51)、孔雀(图 4-52)、朗德鹅(图 4-53)、黑天鹅等(图 4-54)。

图 4-49 生态野猪养殖区

图 4-50 驯养的野猪馆

图 4-51 贵妃鸡养殖

图 4-52　孔雀养殖

图 4-53　朗德鹅养殖

图 4-54　黑天鹅养殖

(六)产业开发模式

随着项目的开发进行,原有旧村居住和生产模式将不复存在,需要结合项目发展预期设定不同的产业开发模式以解决失地农村农民生产发展问题。项目设定的模式主要有商业模式、产业模式和乡居模式三种。

(七)设计亮点

达州生态产业田园综合体规划设计以生态农业、低碳农业、循环农业为发展原则,突出养殖种植优势,以各种养殖种植趣味体验结合景观设计增加人们的参与性。项目以园区总体区位优势、资源优势和人才优势为依托,强化以现代科技改造农业,现代物质装备农业,现代管理组织农业,优化种植养殖业结构,并融入农业旅游产业,形成人气效益,提升项目知名度,促进项目地一三产业良性发展。

六、总结

通过对乡村景观的发展背景和田园综合体发展现状及经典案例的分析,总结我国田园综合体规划建设的要点、注意事项及发展建议,得出田园综合体的规划布局要点,研究适合我国国情的乡村景观规划设计,探索田园综合体设计和发展模式。

(一)田园综合体规划建设要点

1. 以田园景观和农业发展为基础

田园综合体在发展的过程中有两个重要基础,分别是田园景观和农业发展。其中田园景观最能够体现出田园综合体自身的特色,通过农村景观、农村民俗等表现形式最能够吸引人们到田园综合体中进行消费,能够在一定程度上促进田园综合体自身的发展。农业发展是田园综合体发展中另一个重要的组成部分,通过农业的发展才能够促进田园综合体的发展，农业的发展是田园综合体发展的基础。

2. 观光旅游为功能核心

旅游观光是田园综合体发展的核心，随着经济社会的发展和城市化的不断推进，城市居民对于田园风光和田园生活十分向往，因此在节假日会到郊区旅游观光，这就为田园综合体的发展带来了一定程度上的经济效益。田园综合体在发展的过程中通过对旅游观光项目的打造能够在一定程度上促进田园综合体自身的发展，带来良好的经济效益和社会效益。

3. 全面开发为主要手段

在田园综合体发展的过程中全面开发是十分重要的发展手段，在进行田园综合体开发的过程中主要进行开发的内容主要有以下田园景观开发、休闲旅游开发、山水景观开发。分别是：农耕景观开发、休闲生态开发等。在进行开发的过程中应当将各个层面的开发内容相结合，要能够保证整体开发的统一性，要能够通过全面开发来促进田园综合体的发展。

总而言之，田园综合体是在城乡一体化格局下，工业化、城镇化发展到一定阶段，顺应农业供给侧结构性改革、生态环境可持续、新产业新业态发展，以现代企业经营管理的思路，利用农村广阔的田野，以美丽乡村和现代农业为基础，融入低碳环保、循环可持续的发展理念，保持田园乡村景色，完善公共设施和服务，实行城乡一体化的社区管理服务，拓展农业的多功能性，发展农事体验、文化、休闲、旅游、康养等产业，实现田园生产、田园生活、田园生态的有机统一和一二三产业的深度融合，为中国农业、农村和农民探索一套可推广可复制的、稳定的生产生活方式。2017 年中央一号文件明确提出，支持有条件的乡村建设以农民合作社为主要载体、让农民充分参与和受益，集循环农业、创意农业、农事体验于一体的田园综合体，通过农业综合开发等渠道开展试点示范。这不仅是中央在新形势下对农业农村发展的重大政策创新，也是赋予农业综合开发的重要任务。我们要紧紧围绕农业农村发展新形势，充分认识田园综合体试点建设的重大意义，准确把握中央精神和田园综合体试点建设理念，科学确立推进路径，因地制宜，综合施策，以农业综合开发为平台，大力推进田园综合体试点建设，为推进农业供给侧结构性改革，促进农业农村发展历史性转变发挥示范引领作用。

（二）田园综合体建设注意事项

1. 形成试点效应

中央一号文件不仅提出了田园综合体的内涵，也导向了田园综合体的示范效应。把农业供给侧结构性改革从主要满足量的需求向更加注重满足质的需求转变的导向出发，把田园综合体应作为一种有质量、有品位的有效供给，而有效供给的特征在于精而不在多，只有充满特色的精品才会有竞争力。所以，田园综合体建设千万不可大干快上、遍地开花，不能白白消耗了十分宝贵的土地资源，成为无人问津的无效供给。

2. 优选建设区域

田园综合体建设存在一个条件适应性的问题，可以说不是随随便便就能建设田园综合体的，如果不讲条件、随意建设，必然导致杂乱无序、低质无效。所以，在一定的乡村区域范围内建设田园综合体，应进行科学、合理、优化的选址，使田园综合体真正建在最适应的地方。这种适应，就是要从供给适应需求的角度出发，选择那些自然资源和历史人文都得天独厚的地方建设田园综合体，既能最大限度地发挥所在区域的比较优势，也能最大限度地吸引消费者前来消费。也就是说，每一个地区都应把最美的田园展示给外界，成为自己的形象名片。

3. 突出田园特色

田园综合体，旨在田园，重在综合，以乡村景观为背景，展现健康绿色的田园之美是建设田园综合体始终不能偏离的方向。我们所要做的，就是坚持绿色化的价值取向，通过科学合理的规划设计、景观改造、文化植入和设施完善等，让田园的地貌、形态、肌理等得以更好的提升和展示，根本上要留住田园的山、水和乡愁。为此，在建设田园综合体的过程中，要坚决防止大拆大建，更不能借机搞变相的房地产开发，毁了田园的原汁原味之美，抢救性的保护和恢复乡村景观之美。

4. 规划先导策略

科学的规划是最大的效益，失误的规划失误是最大的浪费，田园综合体建设也是一样，必须坚持规划先导、规划引领、规划管控。一方面，通过规划来确定田园综合体的功能定位、风貌特征和实际内涵等，做出一个好的顶层设计和建设大纲；另一方面，把规划控制在一定的尺度范围内，对建什么、怎么建、建到什么程度等，都有一个合理的界定和限制。可以说只有在好的规划指引下，才能建出一个好的田园综合体。

5. 凸显地域特色

我国地大物博，历史文化资源丰富，不同的田园综合体，应该有不同的地域特色。只有彰显特色的田园综合体，才能符合有效供给的方向，达到吸引人的目的。对于特色的设计和打造，可以从自然和人文两个方面入手，进行个性化的展示。自然方面，应以原汁原味为基本遵循，展现一方水土的鬼斧神工和天生丽质；人文方面，应将地方物质遗存、非物质文化遗产、民俗文化、传说故事等元素进行有效植入，通过空间形式和人的参与性设计，让参观者身临其境感受当地的历史人文。将自然与人文浑然一体的田园综合体设计，才不是停留在形式感的表面，才能更好地凸显田园综合体的精神内涵。

6. 市场导向与政府扶持相结合

中央一号文件指出，建设田园综合体要“以农民合作社为主要载体，让农民充分参与和受益”。这表明，在推动田园综合体建设的过程中，一定要把主体摆清楚，尊重群众的意愿，畅通民意的渠道，以农民合作社为主要载体来开展工作。当然，农民合作社是市场力量的一种代表，也包含了引入一些其他投资方参与的信息。对地方政府来讲，特别需要注意和防止的是，不能搞指令性计划，应该把市场行为和政府行为有机结合，尽量减少执行政策的偏差和失误。

7. 政府引导与创新发展相结合

田园综合体是一个创新的发展模式，是一个长期的发展过程，不能一蹴而就。对于田园综合体建设中涉及的财政支农投入机制、农村金融创新、集体产权制度改革、建设用地保障、经营模式创新等方面的问题，的确需要地方政府的引导和支持，有些更需要创新性地走出新路，达到最大限度地惠民增收的目的。尤其是在试点示范的过程中，更要予以精心指导、支持和呵护，有效推进体制机制方面的探索创新，让田园综合体建设顺利起步、积累经验、健康成长。

(三)田园综合体的发展建议

1. 促进产业经济结构的多元化

要想进一步促进田园综合体的发展就需要在进行田园综合体建设和经营的过程中促进产业经济结构的多元化，这主要是指在开展建设工作的过程中要能够在保持农业发展的前提下促进第一产业和第二三产业的融合，可以根据当地发展的实际情况来推广采摘园、农家乐、垂钓等娱乐方式。通过这样的方法能够让其在发展的过程中更加能够适应市场经济的发展促使，进一步促进自身的发展。

2. 升级综合体产品的整体模式

在田园综合体发展的过程中要能够升级自身的综合体产品的整体模式，这主要是指在发展的过程中要能够从单一的农产品到综合休闲度假产品，要能够将多个产品结合起来形成自身独特的文化特色和经营模式。在经营的过程中可以进行生态水产养殖度假区、葡萄庄园度假区、民俗休闲度假区等，通过度假区的建设能够形成自身的文化品牌，能够吸引更多的城市居民到农村来观光，从而能够进一步提升田园综合体的发展水平，提升其自身的经济效益和社会效益。

3. 升级综合体土地的开发模式

要想促进田园综合体的发展就要不断升级综合体土地的开发模式，在进行土地开发的过程中要能够依据农村土地的发展现状进行开发，目前主要运用的模式有两种，一种是田园体验度假村运营地产模式，另一种是综合休闲配套地产模式。在运用这两种地产模式的过程中应当依据当地的情况使用，只有这样才能够达到更好的发展效果，提升田园综合体的适应性，促进田园综合体的发展。

在我国农村发展的过程中，田园综合体是目前一种十分重要的发展形式和发展中介，田园综合体在发展的过程中有着十分重要的价值和作用，主要体现在以下几个方面，提升农村居民收入、促进城乡产业融合、充分吸收农村劳动力、促进城乡文化的融合等。但是目前田园综合体在发展的过程中总是存在着一定的问题，这不利于田园综合体经济效益和社会效益的提升，因此应当在发展田园综合体的过程中促进产业经济结构的多元化、升级综合体产品的整体模式、升级综合体土地的开发模式，只有这样才能够真正通过田园综合体的发展来促进农村经济社会的发展。

（四）田园综合体的规划布局要点

1. 场地设计结合当地场地和文化避免千篇一律

（1）创新性

田园综合体包含多元产业，规划要创新性地满足各个产业的功能要求，让各个产业在统一的规划布局中合理展开，从田园旅游者的消费需求出发，创新合理地布局各个功能片区，在满足日益更新的市场需求的同时凸显特色。

（2）主题性

田园风光是乡村旅游的客观载体，而地域文化则是乡村旅游的内在灵魂，田园综合体规划要考虑布局的文化性和主题性，可以从生态、地域文化、风俗民情、地方特色节庆中找寻文化的主题。以文化为核心的主题性规划布局，更能迎合市场及时代的需求，更能凸显乡村景观的精神内涵。

（3）生态性

任何的旅游开发都离不开生态的基底，生态是维持乡村景观健康可持续发展的内生动力，生态优先的规划理念是田园综合体规划时要着重考虑的要点之一。

（4）特色性

田园综合体无论落地在哪个地方，都必须与当地的特色相结合，无论是建筑、历史文化、风俗民情还是特色街区等，地方特色性是区别于其他同类型项目业态的最大竞争力，在景观规划设计中要充分利用各种造景元素突出地方特色，也可以通过各种富有地方特色的参与性活动增加游客对地域特色和文化的认同感。

2. 规划布局手法

（1）产业构成上的规划布局

由于产业的多元性，对于其规划布局的也要针对不同的产业性质及功能需求进行各产业片区的规划布局。

· 农业产业片区

农业产业片区是大的田园景观背景区，也是展开农业耕作、农业休闲的承载区。规划布局要做到三个方面：

一是要满足现代农业生产型产业园的功能要求；

二是要预留休闲农业、创意农业的活动空间；

三是要配备CSA(社区支持农业)的菜田空间。

· 文旅产业片区

文旅产业片区要考虑功能配搭、规模配搭、空间配搭，以多样的业态规划形成旅游度假目的地；加载丰富的文化生活内容，打造符合自然生态型的旅游产品以及度假产品的组合。

· 地产及村舍片区

尊重原有的村落风貌，打造村落肌理，近似于还原一个"本来"的村子，同时需要布局管理和服务区块，构建完整的村舍服务功能。

(2)功能片区上的规划布局

基于田园综合体多产业融合，可将其在布局上分为不同功能片区，每个片区的规划布局手法会根据不同功能进行区分。

· 核心景观片区——田园景观空间的门户

核心景观片区的规划布局要突出的景观主题，规划主体性景观及特殊的游览方式，景观节点的设置要独具匠心，结合场地现状和当地的历史人文，营造景观的精神内涵。依托乡村景观诸如观赏型农田、名优瓜果园，观赏苗木、花卉展示等，结合湿地风光区，山水风光区等自然景观区，突出乡村景观的田园风光和乡村休闲农业的魅力。

· 创意农业休闲片区——农业创意活动的休闲空间

创意农业片区的规划要根据农业的创意活动方式，设计所需要的创意活动空间及设施，包括各种能体现乡村建筑特色的庄园、别墅、木屋、传统村居等，也可通过特色商街、集市、主题演艺广场等乡村节庆活动吸引人停留。创意农业片区通过合理的景观规划设计把传统的农业发展为融生产、生活、生态为一体的现代农业,使游人能深入体验休闲农业创意的特色生活空间,体验乡村风情活动等,享受创意农业带来的各种休闲乐趣。

· 农业生产片区——农业生产空间的基地

农业生产片区的规划要有规模效应,能最大化地尊重场地肌理,满足农作物四季种植的要求,方便机械化种植的需求,结合生产性景观为乡村景观营造规模化的大地景观艺术。同时通过开展生态农业示范、农耕文化展览馆、农业科普教育示范、农业科技示范、市民团体认种田等项目,让游客认识农业生产的全过程,了解农业文化和农业科技知识,在参与农事活动的过程中体验农业生产的乐趣。

·居住片区——实现城镇化的核心承载片区

居住片区,是田园综合体迈向城镇化结构的重要支撑。通过产业融合与产业聚集形成人员聚集区,也就是人口相对集中片区,通过建设居住组团形成规模化,避免了传统乡村居住的单一和散乱,在功能上更加健全和完善。通过富有地域特色的文化的景观规划设计和建筑设计,构建城镇化的核心基础。

· 服务配套片区——平衡城乡关系的功能支撑

在田园综合体中规划建设产城一体化的公共配套网络,服务于农业、休闲产业的金融、医疗、教育、商业等,统称为产业配套。既方便当地居民的需要,又服务于外来游客的需要,服务配套片区是平衡城乡差距的基础建设,使乡村景观既不失田园风光的乡野趣味,又不失都市生活的时尚便捷。

结 语

随着我国城乡差距的加剧和“城市病”带来的一系列问题，平衡城乡关系，使其和谐稳定发展已经成为国家稳定和社会和谐的重要问题。我国的城市建设飞速发展，而乡村及乡村景观的发展一直相对滞后。在国家政策的引导和支持下，美丽乡村、特色小镇等取得了一定的成绩，然而还有很多问题和差距，田园综合体，作为乡村景观的重要体现形式，成为近年来打造乡村景观的热点及亮点，田园综合体旨在“综合”，在一定程度上能填补乡村景观缺乏都市便利等不足。因此探索田园综合体的科学发展模式，有助于改善和提高乡村景观，平衡城乡发展，维护社会和谐。

参考文献

[1]陈威.景观新农村:乡村景观规划理论与方法[M].北京:中国电力出版社,2007.

[2]文丹枫,朱建良,眭文娟.特色小镇理论与案例[M].北京:经济管理出版社,2018.

[3]艾昕,黄勇,孙旭阳.理想空间(77):特色小镇规划与实施[M].上海:同济大学出版社,2017.

[4]张天柱,李国新.美丽乡村规划设计概论与案例分析[M].北京:中国建材工业出版社,2017.

[5]郭成铭,王剑辉.新农村建设规划设计与原理[M].北京:中国电力出版社,2008.

[6][美]阿伦特,叶齐茂,倪晓晖.国外乡村设计[M].北京:中国建筑工业出版社,2010.

[7]方明,董艳芳.新农村社区规划设计研究[M].北京:中国建筑工业出版社,2006.

[8]郑文俊.旅游视角下乡村景观吸引力理论与实证研究[M].北京:科学出版社,2017.

[9]骆中钊,戎安,骆伟.新农村规划、整治与管理[M].北京:中国林业出版社,2008.

[10]张晓春.最美乡村——当代中国乡村建设实践[M].南宁:广西师范大学出版社,2018.

[11]陈建明.特色小镇全程操盘及案例解析[M].北京:新华出版社,2018.

[12]张天柱.现代农业园区规划与案例分析[M].北京:中国轻工业出版社,2008.

[13]顾小玲.新农村景观设计艺术——以日本三个不同类型的农村为例[M].南京:东南大学出版社,2011.

[14]贺斌，崔富春.新农村村庄规划与管理[M].北京：中国社会出版社，2010.

[15]陈炎兵，姚永玲.特色小镇——中国城镇化创新之路[M].北京：中国致公出版社，2017.

[16]韩伟强.村镇环境规划设计[M].南京：东南大学出版社，2006.

[17]杨文海，刘明海.教你打造成功的特色小镇[M].南京：江苏科学技术出版社，2008.

[18] 王宁.生态文明建设中的新农村规划设计新农村规划指引[M].北京：中国水利水电出版社，2017.

[19]胡巧虎，胡晓金，李学军.生态农业与美丽乡村建设[M].北京：中国农业科学技术出版社，2017.

[20]林峰.特色小镇开发与运营指南[M].北京：中国旅游出版社，2018.

[21]张天柱.县域现代农业规划与案例分析[M].北京：中国轻工业出版社，2015.

[22]陈芳.新农村建设规划及特色研究[M].北京：知识产权出版社，2008.

[23]朱朝技.农村发展规划 [M].北京：中国农业出版社，2009.

[24]陈威.景观新农村：乡村景观规划原理[M].北京：中国电力出版社，2007.

[25]苏进展，李翔，黄国勤.中国美丽乡村建设与生态工程技术实践 [M].北京：中国农业科学技术出版社，2017.

[26]吴洪凯，胡振兴.生态农业与美丽乡村建设[M].北京：中国农业科学技术出版社，2015.

[27]文海家.地学景观文化[M].北京：科学出版社，2014.

[28]吴庆洲.文化景观营建与保护[M].北京：中国建筑工业出版社，2017.

[29]张亚萍，梅洛.景观场所设计100例——文化景观 [M].

北京:中国电力出版社,2014.

[30]蔡晴.基于地域的文化景观保护研究[M].南京:东南大学出版社,2016.

[31]朱再,苏占军,康占海.生态农业与美丽乡村建设[M].北京:中国林业出版社,2016.

[32]温锋华.中国特色小镇理论规划与实践[M].北京:社会科学文献出版社,2018.

[33]于秀文.当下文化景观研究[M].北京:人民出版社,2007.

[34]高宇民.拟像、景观审美和当代文化创意产业[M].北京:人民出版社,2018.

[35]战杜鹃.乡村景观伦理的探索 [M].武汉:华中科技大学出版社,2018.

[36]白杨.环境景观:基本设计原理[M].北京:中国农业出版社,2017.

[37]刘志,耿凡.现代农业与美丽乡村建设 [M].北京:中国农业科学技术出版社,2015.

[38]宇振华,李波.生态景观建设理论和技术[M].北京:中国环境出版社,2017.

[39]王云才.现代乡村景观旅游规划设计[M].青岛:青岛出版社,2003.

[40]蒋林军,付军.乡村景观规划设计[M].北京:中国农业出版社,2008.

[41]陈玉兴,邢燕,高成全.农村村落的规划与布局[M].成都:西南交通大学出版社,2010.

[42]唐洪兵,李秀华.农业生态环境与美丽乡村建设[M].北京:中国农业科学技术出版社,2016.

[43]赵小汎.乡村旅游资源生态规划 [M].北京:科学出版社,2017.

[44]罗凯.美丽乡村之农业旅游[M].北京:中国农业出版社,2017.